U0396799

广西常见白蚁图鉴

GUANGXI CHANGJIAN BAI YI TUJIAN

覃天乔　黄超福　主编

南宁市住房和城乡建设局
南宁市白蚁防治所
组织编写

广西科学技术出版社
·南宁·

图书在版编目（CIP）数据

广西常见白蚁图鉴 / 覃天乔，黄超福主编. --南宁：广西科学技术出版社，2025. 1. --ISBN 978-7-5551-2265-4

Ⅰ. Q969. 290. 8-64

中国国家版本馆CIP数据核字第2024W84U97号

GUANGXI CHANGJIAN BAIYI TUJIAN

广西常见白蚁图鉴

覃天乔　黄超福　主编

责任编辑：邓　霞　池庆松　梁　良
责任校对：方振发
美术编辑：韦娇林
责任印制：韦文印　陆　弟

出 版 人：岑　刚
出版发行：广西科学技术出版社
社　　址：广西南宁市东葛路66号
邮政编码：530023
编辑部电话：0771-5871673
印　　刷：广西民族印刷包装集团有限公司

开　　本：889 mm × 1194 mm　1/16
字　　数：180千字
印　　张：10
版　　次：2025年1月第1版
印　　次：2025年1月第1次印刷
书　　号：ISBN 978-7-5551-2265-4
定　　价：98.00元

编委会

主编单位 南宁市住房和城乡建设局

南宁市白蚁防治所

参编单位 广西大学

柳州市建设工程技术服务中心

桂林市白蚁防治所

梧州市白蚁防治中心

北海市白蚁防治管理所

玉林市房屋安全鉴定中心

百色市白蚁防治所

防城港市白蚁防治中心

钦州市白蚁防治所

河池市白蚁防治所

贺州市房屋网签备案中心

崇左市房产资金管理中心

来宾市白蚁防治所

贵港市白蚁防治所

顾　　问 王小强　曾桂荣　梁智远　杨　峻

主　　编 覃天乔　黄超福

副 主 编 贾　豹　郑霞林　尹君君　陆春文　梁　生

赖　敏　陈虹燕　伍倍民　陈正麟

编　　者 周政杰　黄　越　刘　芳　王　瑛　毕　菲　余　蕾　黄思媚

黄燕榕　黄冬云　钟　伟　秦萍生　许丽都　李　恬　胡尚胜

梁师榕　占　良　黄　振　林雄坚　罗贤职　蒙小月　韦志成

黎炎玲　李梦华　潘　欣　黄彦霏　刘治山　邓小菲　韦思佳

覃　蓉　周　君　韦雅婷　段旭峰　黄超斌

内容简介

本书记录了草白蚁科、木白蚁科、鼻白蚁科和白蚁科共4科10属18种广西常见的白蚁，分别描述了其蚁巢识别特征、主要品级形态特征及习性，并提供了相应的彩图共计270多幅。本书是2017年出版的《广西白蚁》一书的延伸，并弥补了《广西白蚁》记录的主要白蚁种类巢穴、生境、形态特征等彩图不足的遗憾。本书可供昆虫学研究的有关人员、植物保护工作者、高等院校和中等职业学校相关专业的师生参考，也可供建筑、水利、通信和交通等有关部门的技术人员作为培训资料使用。

序

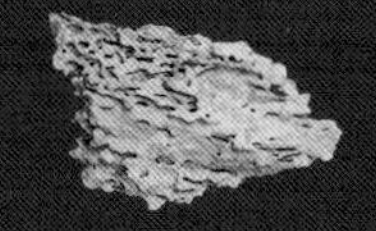

白蚁是世界五大害虫之一。截至2024年，全世界已记录的白蚁种数3 000余种，中国已记录470余种，广西已记录130种。广西属亚热带季风气候区，常年气候温暖湿润，适宜白蚁的发生和繁衍。据报道，广西的白蚁种类数位居全国第一。

由于白蚁活动隐蔽，不易被察觉，平时也较难接触到，加上其近缘种类多且形态特征接近，给种类的鉴定造成了极大的困扰。为此，南宁市白蚁防治所多次组织相关人员深入广西不同生境进行实地考察，系统地收集广西各地常见的白蚁种类标本。经过多年的不懈努力与深入研究，南宁市白蚁防治所积累了一系列的科研成果。为将成果分享给更多从事白蚁防治与研究的同人，助力促进白蚁防治领域的研究与发展，现整理出版《广西常见白蚁图鉴》。

《广西常见白蚁图鉴》的出版不仅丰富了广西等翅目昆虫领域的基础研究，也有利于增强大众对广西常见白蚁种类的认识，还可为白蚁的种群治理提供参考资料，具有重要的理论和实践意义。

目录

草白蚁科

Hodotermitidae

草白蚁科在广西仅分布有1属1种。

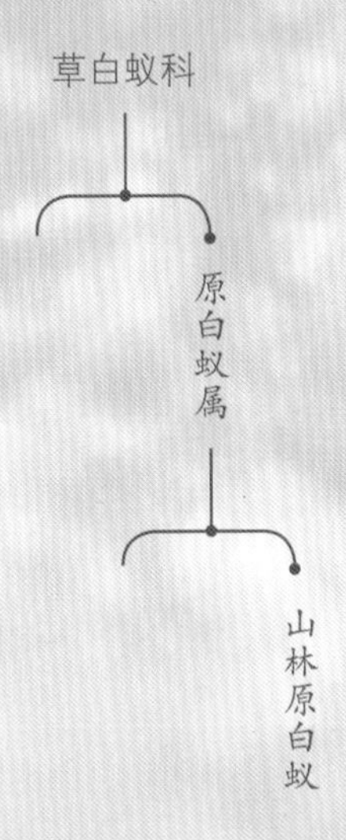

原白蚁属
Hodotermopsis

我国已记录1种，广西有分布。

1　山林原白蚁

Hodotermopsis sjöstedti Holmgren

蚁巢识别特征

巢建于高山森林内的溪流、山沟边，或林内潮腐树干、树桩和活树内。无定形的巢居，一般蚁群集中的部位即为蚁巢。巢居的中心部位常能发现大量的卵和若蚁。

主要品级形态特征

成熟巢体中包括原始蚁王、原始蚁后、卵、幼蚁、拟工蚁、若蚁、兵蚁和有翅成虫等。

山林原白蚁原始蚁王（A）
和蚁后（B）

山林原白蚁幼蚁（A）和拟工蚁（B）

山林原白蚁拟工蚁

山林原白蚁兵蚁

山林原白蚁兵蚁（A）和有翅成虫（B）

兵蚁 头前部黑色，后部赤褐色，触角、上唇为褐黄色，上颚黑色，胸部、足为黄褐色，腹部淡白色。头近似卵圆形，扁平，最宽处在头的后端或后端与中段间，向前渐窄，后缘向后方呈圆弧形弓出，头顶中央有一凹坑。触角22～24节，第2～4节近相等，随后各节稍大，端部4～5节渐缩小。上唇两侧圆形，前缘较平直。上颚粗壮，左右基本对称，前端尖锐，并弯向中线。左上颚有4枚形状不规则的大齿，各齿的基部互相并连；右上颚有2枚大齿，第1齿常有三角形齿尖。前胸背板略窄于头宽，扁平呈半月形，前缘略向后方凹入，侧缘与后缘连接成半圆形，后缘中央有较明显缺刻。中胸背板与后胸背板等宽，且均窄于前胸背板，中胸与后胸背板的侧缘和后缘均连成半圆形。跗节由背面观为4节，腹面观为5节。腹刺细长，尾须3～5节。

山林原白蚁兵蚁

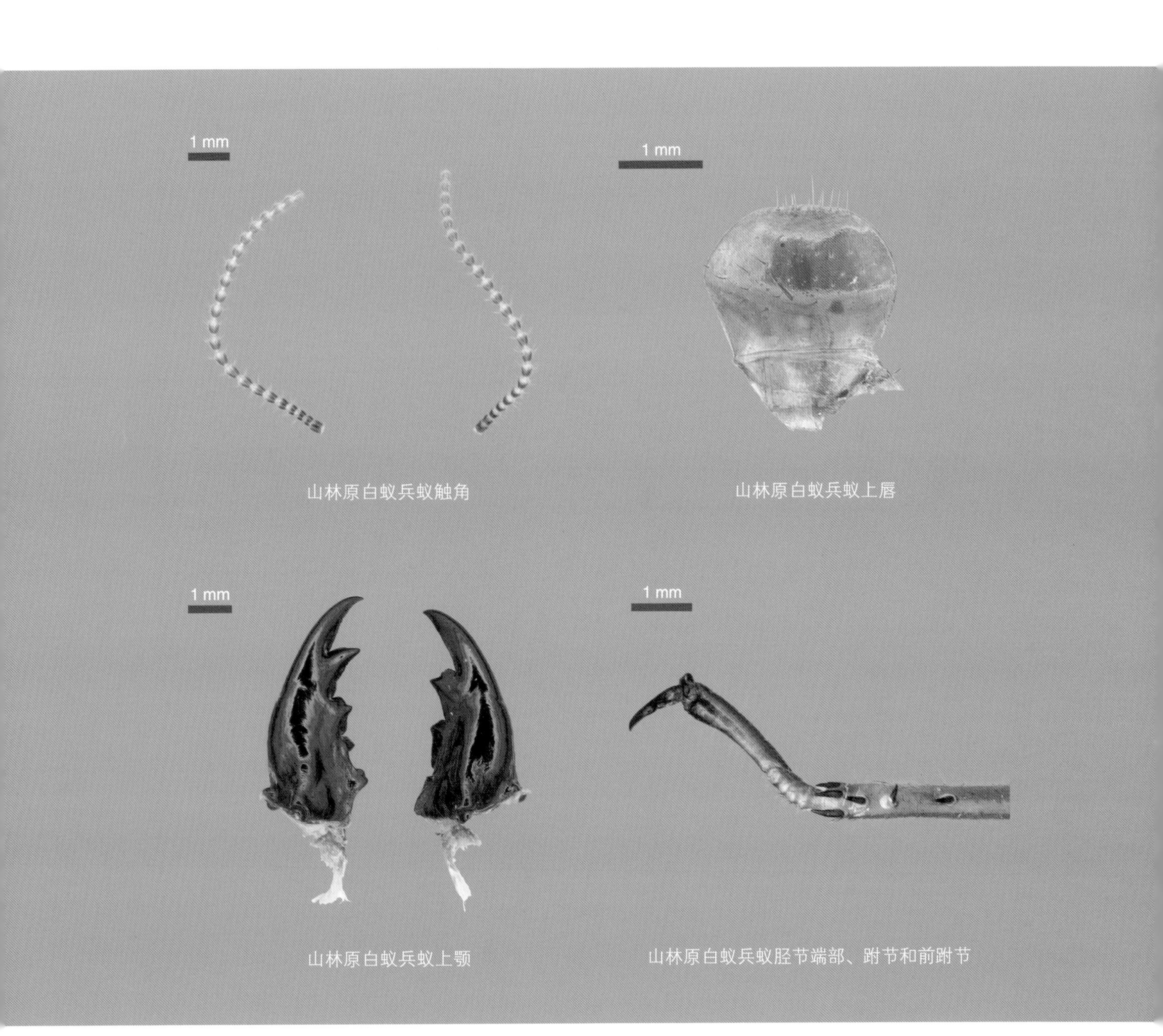

山林原白蚁兵蚁触角

山林原白蚁兵蚁上唇

山林原白蚁兵蚁上颚

山林原白蚁兵蚁胫节端部、跗节和前跗节

有翅成虫 体褐色，头及翅基色较深，前胸背板近前缘两侧各有1个黑褐色凹陷。头近圆形。触角21～26节。左上颚有端齿和3枚缘齿，颚齿板短；右上颚端齿大，亚缘齿小，第1缘齿短，第2缘齿呈斜切形，颚齿板较长。前胸背板略窄于头宽。前翅鳞略大于后翅鳞。腹部有10节，第7腹板最宽。雄虫第9腹板有1对不分节的短刺突。尾须5节。体长12.0～13.5 mm。

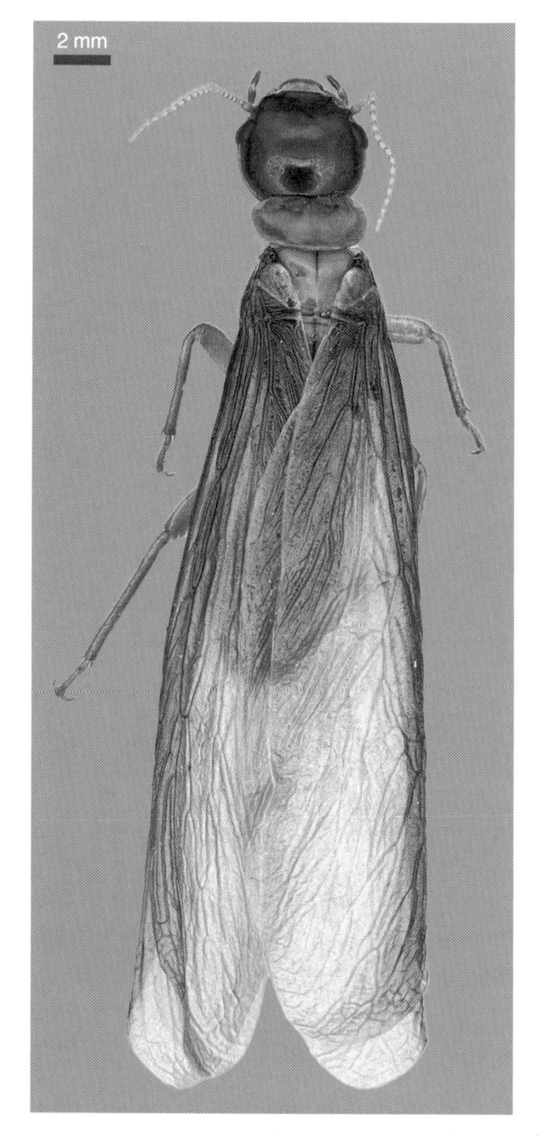

山林原白蚁有翅成虫

习性

木栖性白蚁。常隐藏在树木内取食，偶见少数工蚁、兵蚁出巢活动。有翅成虫羽化后多集中在树干或树蔸上部较宽阔的空腔内。临近分飞期时，工蚁在该空腔上部咬成或建筑成口径为8～11 mm的圆形或椭圆形分飞孔，并用排泄物和朽木、碎木封闭。工蚁在有翅成虫分飞前1～2 h开启分飞孔，在有翅成虫分飞完毕后立即封闭分飞孔。山林原白蚁分飞多在5:00～6:00进行，多数蚁巢1年分飞1次，极少数蚁巢1年分飞2～3次。

木白蚁科

Kalotermitidae

木白蚁科在广西分布有3属8种，本书记录2属3种。

堆砂白蚁属
Cryptotermes

我国已记录8种，广西记录2种。

2 铲头堆砂白蚁
Cryptotermes declivis Tsai et Chen

蚁巢识别特征

多数巢建于干木材、木制品内。无定型巢，巢食共处，不筑外露蚁路，新建群体至产生有翅原始繁殖蚁分飞前一直隐蔽为害，极难发现。随着为害程度的加剧，在其为害物表面出现一些直径约1 mm的蛀孔，此时木材、木制品已受严重蛀蚀。

铲头堆砂白蚁巢穴

铲头堆砂白蚁为害状

铲头堆砂白蚁排泄物

主要品级形态特征

成熟巢体中包括原始蚁王、原始蚁后、补充型繁殖蚁、卵、幼蚁、拟工蚁、若蚁、兵蚁和有翅成虫等。

铲头堆砂白蚁原始蚁王（A）、原始蚁后（B）、卵（C）、幼蚁（D）、拟工蚁（E）、若蚁（F）和兵蚁（G）

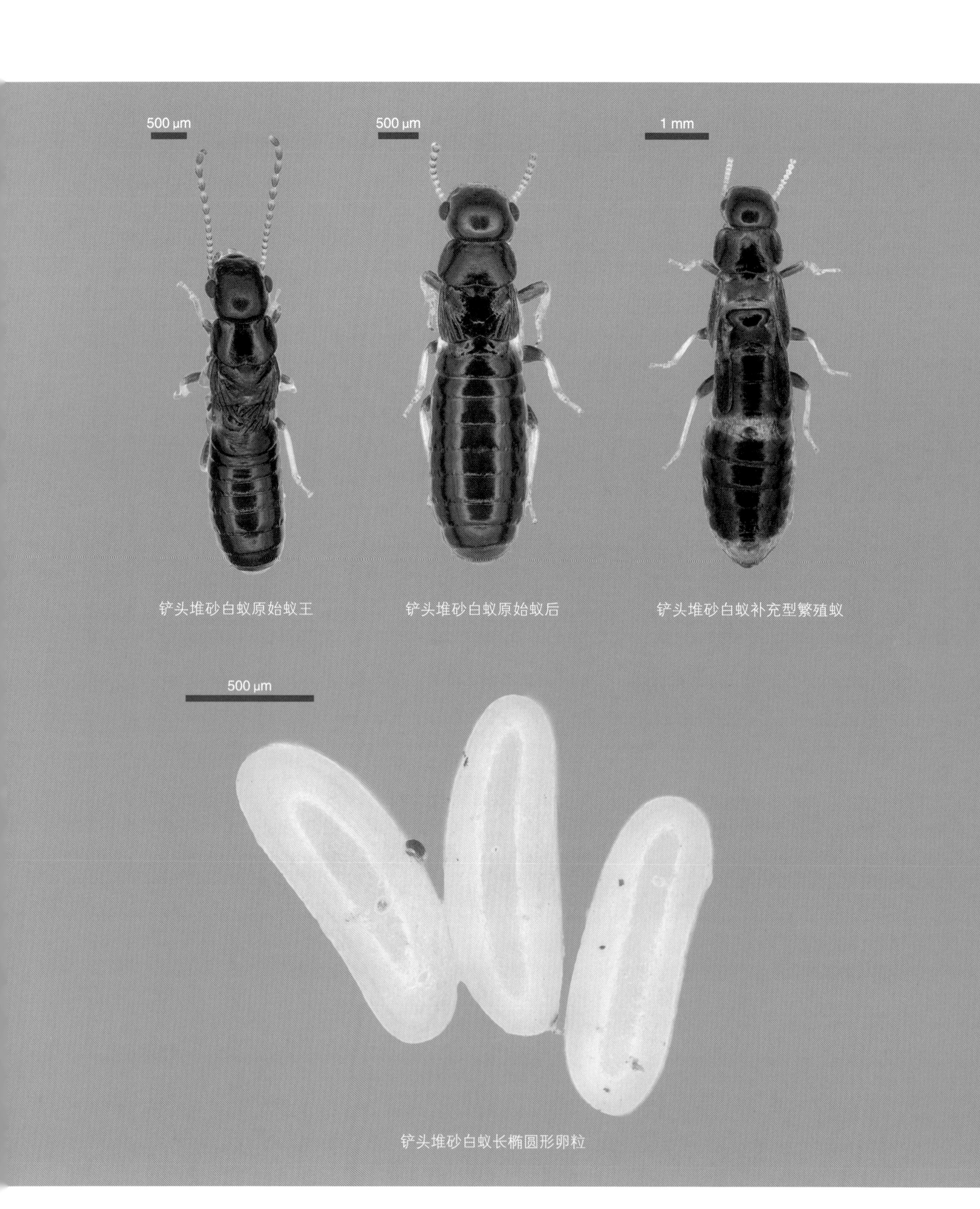

铲头堆砂白蚁原始蚁王

铲头堆砂白蚁原始蚁后

铲头堆砂白蚁补充型繁殖蚁

铲头堆砂白蚁长椭圆形卵粒

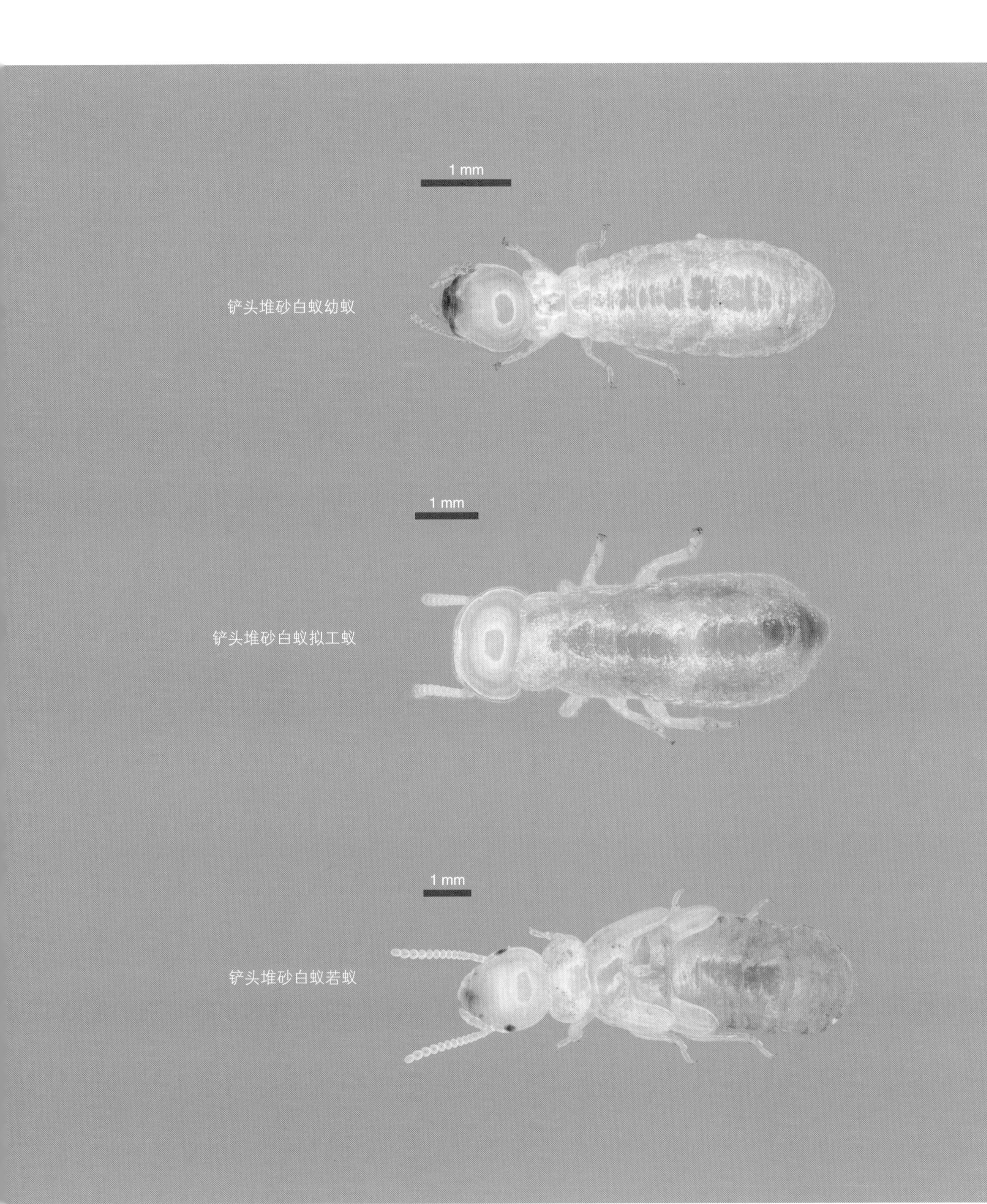

铲头堆砂白蚁幼蚁

铲头堆砂白蚁拟工蚁

铲头堆砂白蚁若蚁

兵蚁 头前部黑色，后部暗赤色，触角、胸部和腹部淡黄色。头短而厚，近方形，头额部呈斜坡面，坡面与上颚形成的交角明显大于90°，坡面两侧及上方有隆起颇高的额脊，额脊上方中央凹下形成左右两个部分，头的其余部分光滑，无明显皱纹，头顶中央有1个大型浅坑。触角窝内上方及下方具1个强大突起，朝前伸出，内上方突起呈圆锥形，下方突起呈扁形，2个突起大小近似相等。眼在触角窝后方侧壁上；触角11～15节。上颚短小，扁宽。左上颚中段有2枚短粗的齿，第1齿略微斜向前方，第2齿朝向内；右上颚具2枚朝向前的齿，其部位比左上颚齿略靠后。前胸背板与头近等宽，前缘中央呈宽V形凹入，两侧角向前伸突，略翘起，覆盖头的后部，后缘中央略向前凹入。

铲头堆砂白蚁兵蚁

铲头堆砂白蚁兵蚁背面观

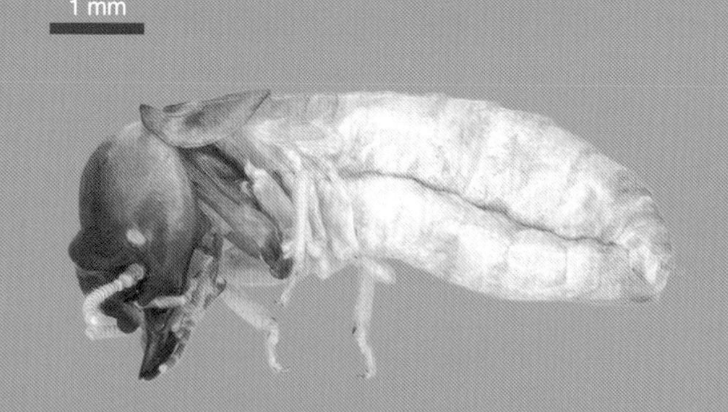

铲头堆砂白蚁兵蚁侧面观

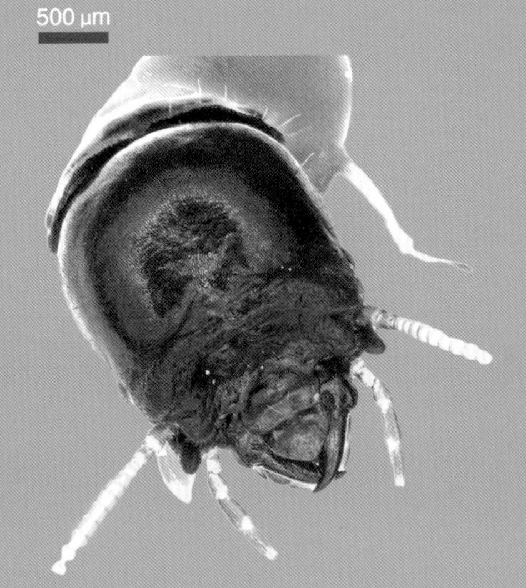

铲头堆砂白蚁兵蚁头部背面观

500 μm

铲头堆砂白蚁兵蚁头部侧面观

铲头堆砂白蚁兵蚁上颚

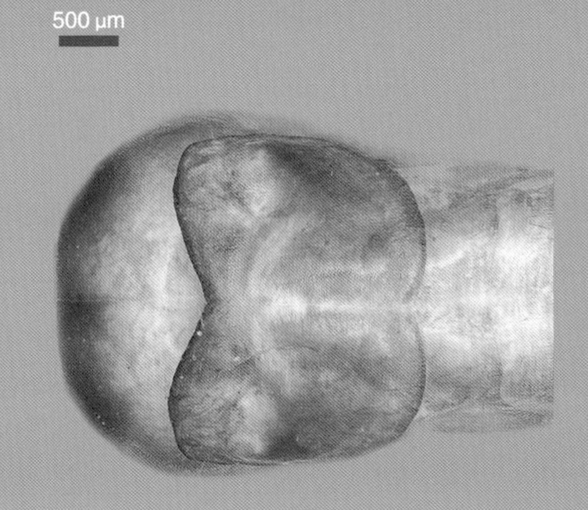

铲头堆砂白蚁兵蚁前胸背板

有翅成虫 头赤褐色，触角、下颚须、上唇褐黄色，胸、腹部及腿节为黑褐色，胫节、跗节淡黄色，翅黄褐色。头近长方形，两侧平行，后缘弧形。复眼小，近圆形；单眼长圆形，位于复眼上方，靠近复眼但未接触。后唇基为短横条状，与额部的界限不明，不隆起，前缘直；前唇基梯形。触角14～16节，第2～4节略等长。前胸背板与头等宽，前缘凹入，后缘中央稍内凹。前翅鳞大于后翅鳞，并覆盖后翅鳞。

铲头堆砂白蚁有翅成虫

铲头堆砂白蚁生活史

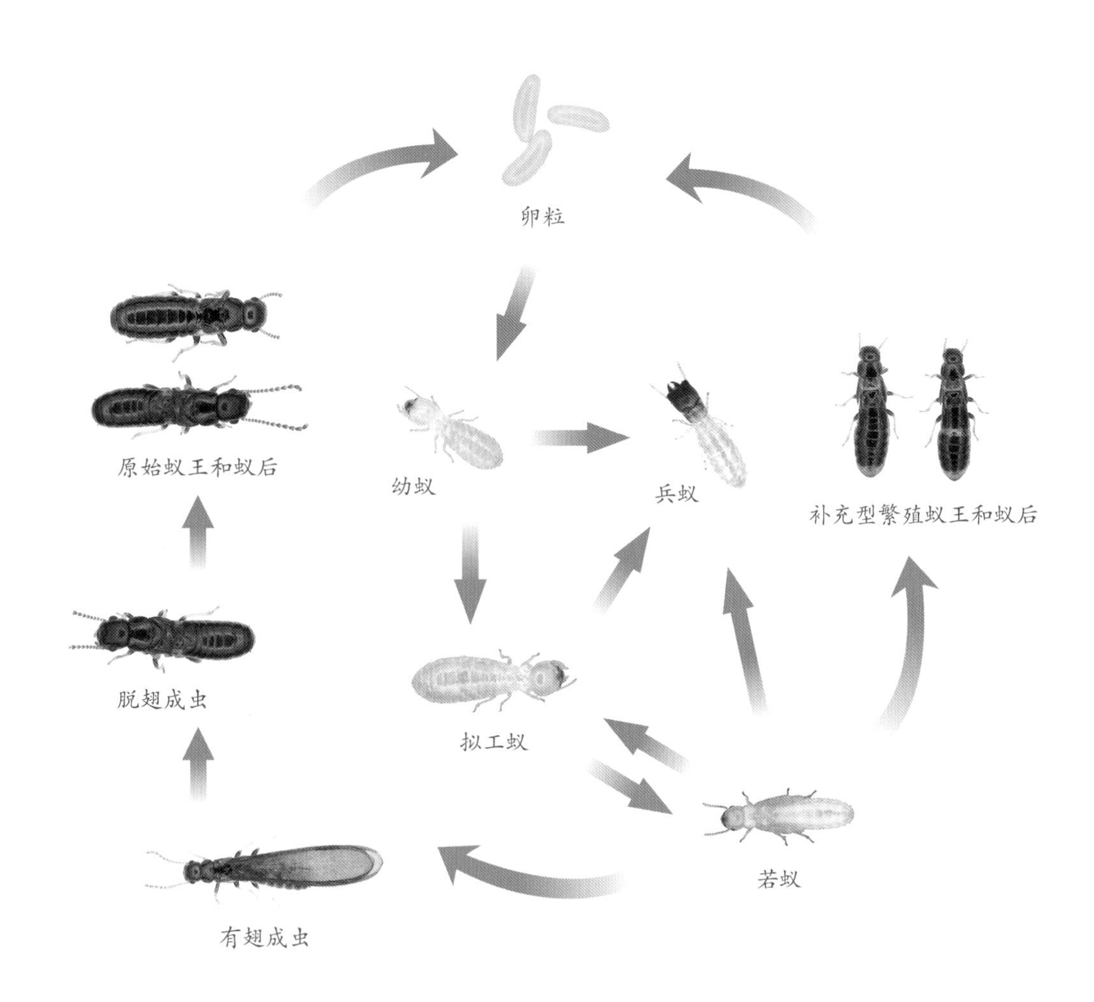

习性

木栖性白蚁。原始繁殖蚁自行配对钻入洞穴后，会用分泌物将洞口封闭，在洞内取食和繁殖。产生补充型繁殖蚁的能力强，且极易扩散为害。分飞孔不明显，分飞现象多发生在10:00～15:00。

3 截头堆砂白蚁

Cryptotermes domesticus Haviland

蚁巢识别特征

巢建于干木材、木制品和建筑物木构件内。无定型巢，巢食共处，无外露蚁路，常将部分排泄物推出洞外，可依据此特征寻巢。通常情况下，产生外露受害特征时，木材内已被严重蛀蚀。

截头堆砂白蚁巢

主要品级形态特征

成熟巢体中包括原始蚁王、原始蚁后、补充型繁殖蚁、卵、幼蚁、拟工蚁、兵蚁和有翅成虫等。

兵蚁 头前部黑色，后部赤褐色，上颚黑色，触角第1、2节棕色，其余浅黄色。头部厚，似方形，两侧基本平行，后端圆，头前端呈垂直的截断面，有凸凹不平结构，截面边缘略隆起，并在顶部中央有一个凹向后方的缺刻，侧观截面与上颚交角小于90°；头顶和头侧上方均凸凹不平，近头后端及侧下方较光滑。触角窝下有一强大前伸突起，触角窝内上方有一较小且朝前的锥形突起；眼位于触角窝正后方；触角12～14节，第2节长约为第1节长的1/2，第3节短于第2节，第4节最短，以后各节较长，念珠状。上唇短小，呈半圆形。上颚短、扁宽，前端尖锐，向上翘起，内缘有3～4个缺刻，缺刻间距颇远，形成矮平小齿。前胸背板前部向前上方翘起，常盖于头后，前缘中央有大缺刻，缺刻后有一横沟，后缘圆形。

截头堆砂白蚁兵蚁

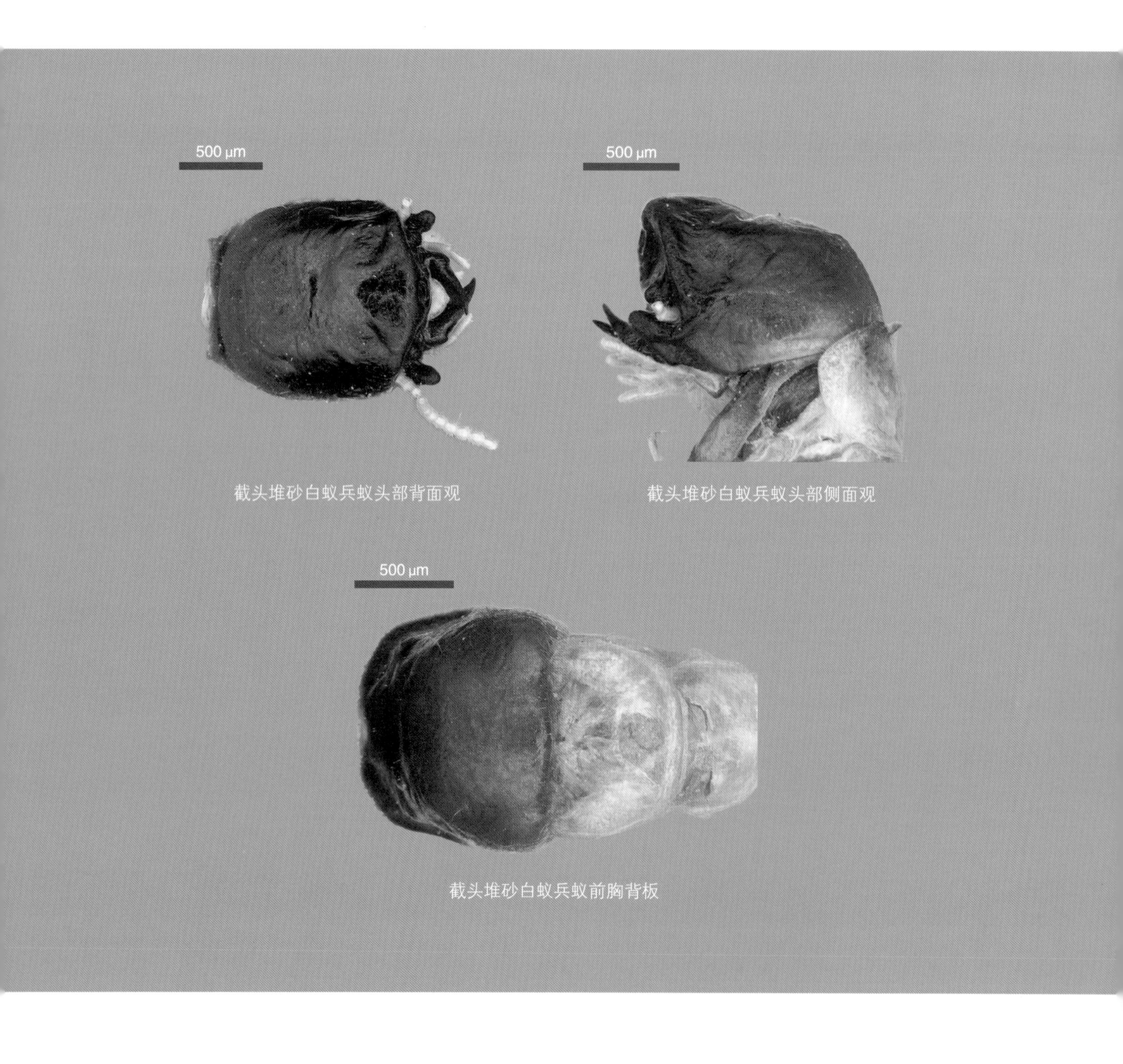

截头堆砂白蚁兵蚁头部背面观

截头堆砂白蚁兵蚁头部侧面观

截头堆砂白蚁兵蚁前胸背板

习性

木栖性白蚁。可通过原始繁殖蚁分飞配对后建立新群体或若蚁离群后产生补充型繁殖蚁进行繁殖。原始繁殖蚁脱翅配对入洞后，用分泌物封闭洞口，在其内取食和繁殖。5头离群后的若蚁群体中就可以产生一对补充型繁殖蚁，并能正常繁殖出有效子代。分飞期长，一般在4月中旬至8月下旬，以5～7月为盛，分飞现象多发生在18:30～19:30。

新白蚁属
Neotermes

我国已记录18种，广西记录3种。

恒春新白蚁为害状

4 恒春新白蚁
Neotermes koshunensis Shiraki

蚁巢识别特征

巢建于干木材内。无定型蚁巢，巢食共处，蚁路少泥且不外露。

恒春新白蚁巢

恒春新白蚁排泄物

主要品级形态特征

成熟巢体中包括原始蚁王、原始蚁后、卵、幼蚁、拟工蚁、若蚁、兵蚁和有翅成虫等。

恒春新白蚁拟工蚁（A）、若蚁（B）、兵蚁（C）和有翅成虫（D）

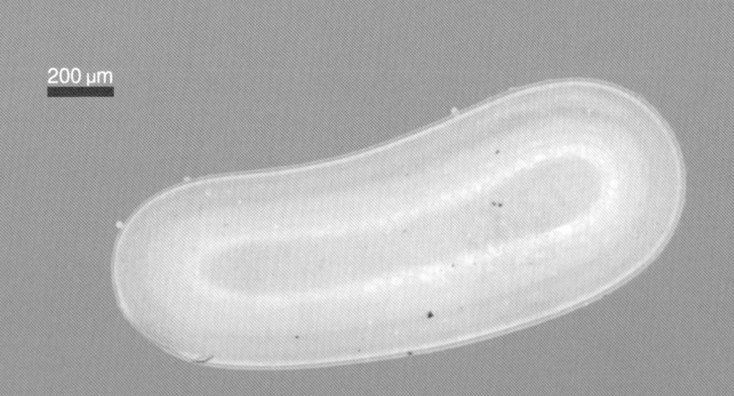

恒春新白蚁卵

恒春新白蚁拟工蚁

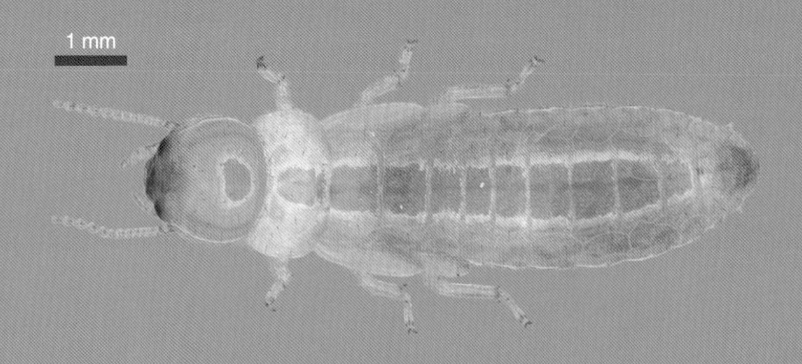

恒春新白蚁若蚁

兵蚁 头褐色至深褐色，后颏近黑色，触角和上唇黄褐色，上颚黑色，前胸背板和足淡黄色，腹部黄白色。体被稀疏长毛。头近长方形，近前端两侧缘略缩窄。额前部倾斜，具1条伸达后头的中沟，Y缝不明显。复眼小而突出，椭圆形，其与触角窝间的最小距离短于或等于复眼的直径长度；无单眼。触角末节短于倒数第2节。后唇基方形，前唇基长于后唇基，梯形；上唇近方形，长宽近相等，前缘直或中间稍突。上颚长且直，略凹，基部较粗，其长约为头长的2/3。左上颚具5枚缘齿，第1缘齿片状，第2缘齿与第1缘齿等长，三角形，第3缘齿较小，第4缘齿和第5缘齿近似三角形，二者中间具一浅凹；右上颚具2枚缘齿，内缘呈波状，端齿长约为左上颚端齿长的1.5倍，第1缘齿似钝角三角状，较大，第2缘齿小于第1缘齿。后颏长棒状，较平，前端宽约为后颏长的1/2，侧面分叶成相等的二叶状，前缘较直，中部突窄，后端宽于最窄处，后缘波状。前胸背板近矩形，约与头等宽，侧面观背缘平直，非马鞍状，前缘宽并稍凹入，侧缘弧形，后缘较直，具一中凹。

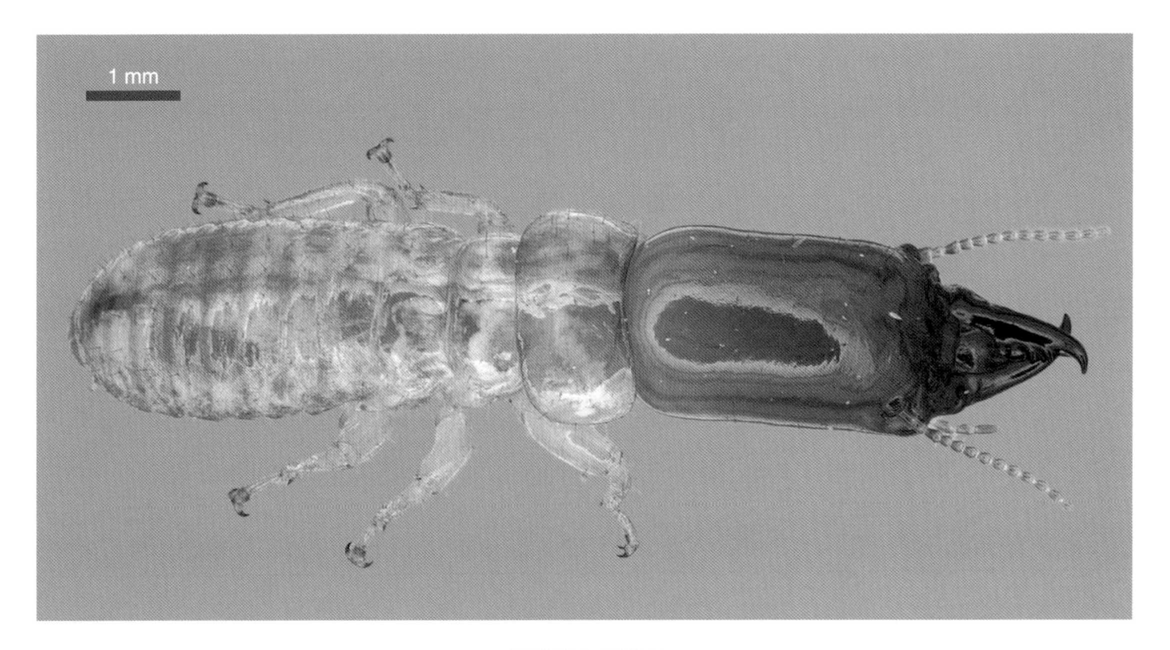

恒春新白蚁兵蚁

恒春新白蚁兵蚁头部背面观

恒春新白蚁兵蚁头部腹面观

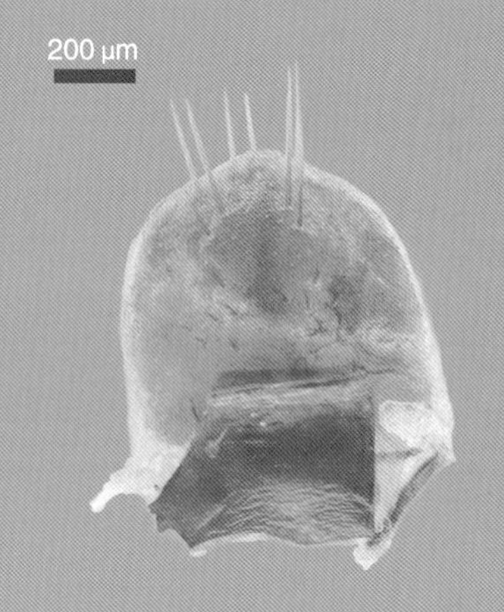

恒春新白蚁兵蚁上唇

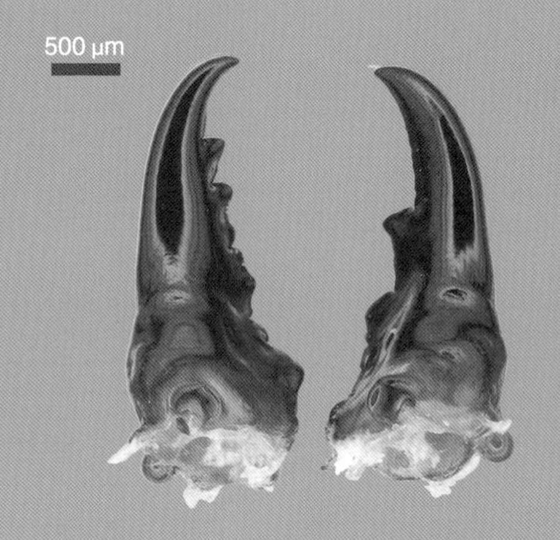

恒春新白蚁兵蚁上颚

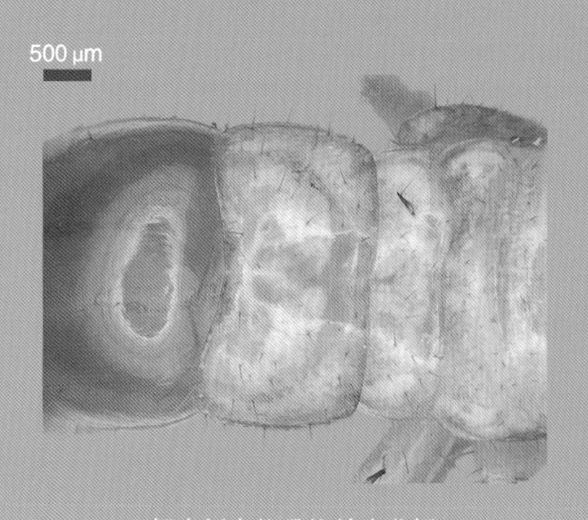

恒春新白蚁兵蚁前胸背板

有翅成虫 头淡褐色至赤褐色，触角基部暗色，端部淡色，前胸背板、足和腹部色稍淡。体毛稀疏。头近方形，前额前部倾斜，具一条Y缝中沟。复眼较大，圆形，两复眼间距稍大于上颚的基部；单眼椭圆形，白色半透明，位于复眼下端，与复眼相连。触角17～19节，第1节粗长；第2节约为第1节长的1/2，稍长于或等于第3节，第4节最短，第5节至倒数第2节渐长，末节稍短于倒数第2节。后唇基近矩形，较短窄，稍高于前额；前唇基梯形，长于后唇基；上唇近方形，前缘突出，端缘具长毛。两上颚均具2枚缘齿，端齿指状，长于缘齿，右上颚第2缘齿短于第1缘齿。前胸背板近矩形，有少数长软毛，最宽处宽于头部复眼间的宽度，前缘较宽，稍内凹，后缘较直，具一个较浅的中凹。足细长，胫节距3∶3∶3。

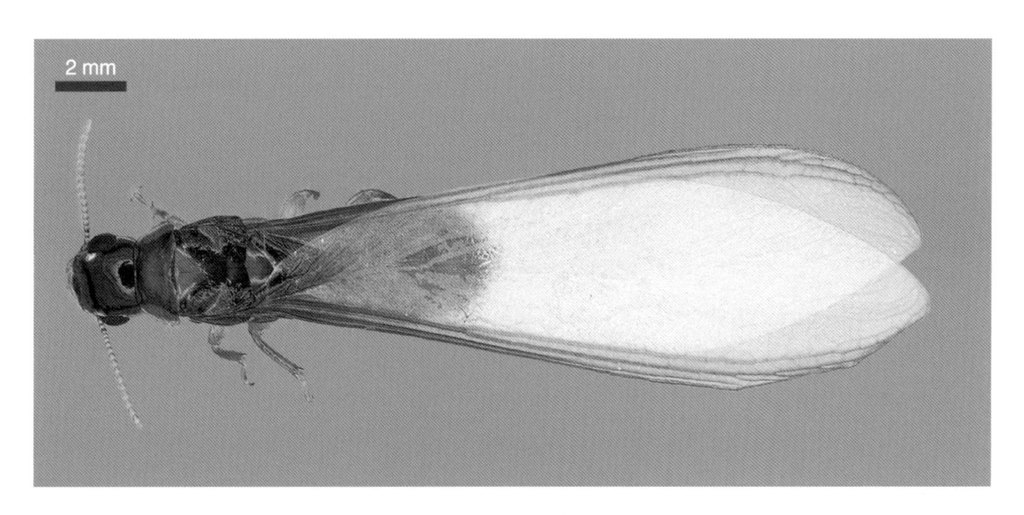

恒春新白蚁有翅成虫

习性

木栖性白蚁。多在较高的树干或枝条上部为害，较少出现在树干基部。新群体建立时，蚁王及蚁后会主动丢弃触角。

鼻白蚁科

Rhinotermitidae

鼻白蚁科在广西分布有5属51种，本书记录3属8种。

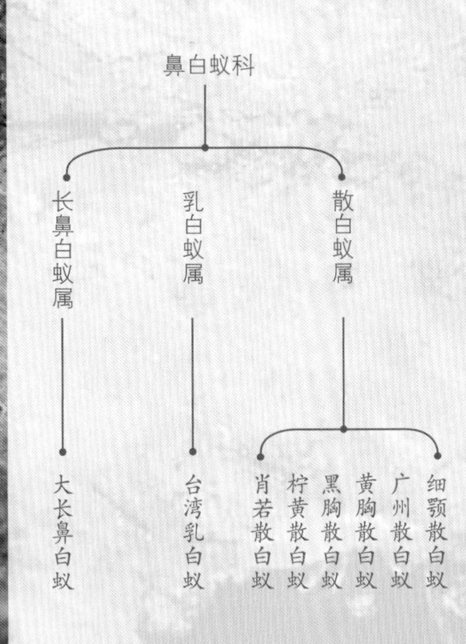

长鼻白蚁属
Schedorhinotermes

我国已记录6种，广西记录1种。

5 大长鼻白蚁
Schedorhinotermes magnus Tsai et Chen

蚁巢识别特征

可筑大型蚁巢，蚁巢结构类似台湾乳白蚁的蚁巢。

大长鼻白蚁巢片

大长鼻白蚁巢结构

主要品级形态特征

成熟巢体中包括原始蚁王、原始蚁后、卵、幼蚁、工蚁、若蚁、大兵蚁、小兵蚁和有翅成虫等。

大长鼻白蚁原始蚁王（A）、原始蚁后（B）、工蚁（C）、大兵蚁（D）和小兵蚁（E）

大长鼻白蚁的幼龄巢

大长鼻白蚁幼蚁（A）和正在搬运卵粒的工蚁（B）

大长鼻白蚁若蚁

兵蚁 兵蚁具二态。

［大兵蚁］体深黄色，头色最深，上颚前段黑色，后段与头色相同。体毛稀少。头近方形，长与宽近相等，最宽处近头后部，两侧较平直，向前渐收缩，触角窝之前至颚基缩窄，侧面观头背缘稍扁平，中部有一凹坑。囟明显，位于两触角窝中点略后方，囟前方具纵沟，通达上唇端，上唇前缘有一列细毛。触角17节，第2、3节长度近相等，第4、5节与第2、3节几乎等长，末节稍细窄。上唇近六边形，宽略大于长，最宽处在后端1/3处，前缘中央略向后凹，形成两叶。上颚扁粗，前端弯曲成镰刀形。左上颚内缘中部具2枚缘齿，齿尖朝前，较尖锐；右上颚具一枚大齿，中段至后方有一枚小的钝齿。后颏最窄处近后方。前胸背板甚窄于头，前缘较宽，中部向前突出，中央有缺刻，后缘稍窄，后侧角为大圆弧形，后缘中央凹入；中、后胸背板与前胸背板等宽或中胸稍窄，后胸稍宽。

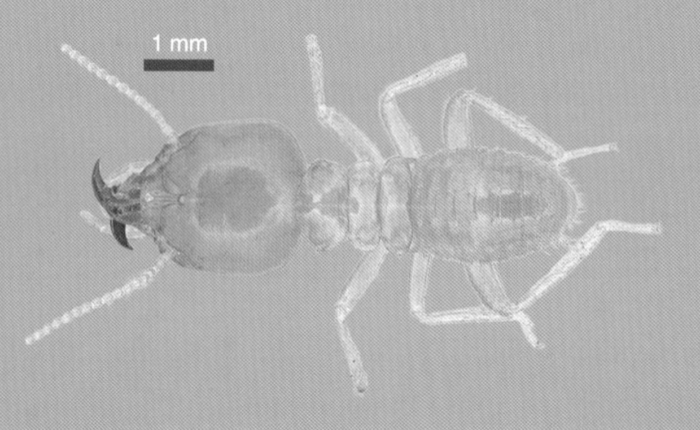

大长鼻白蚁大兵蚁

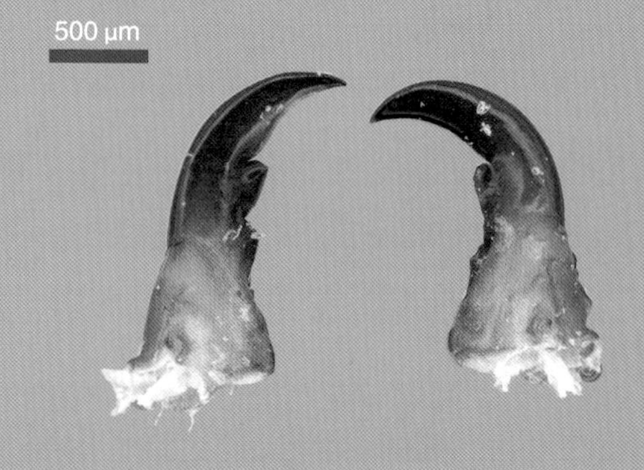

大长鼻白蚁大兵蚁上颚

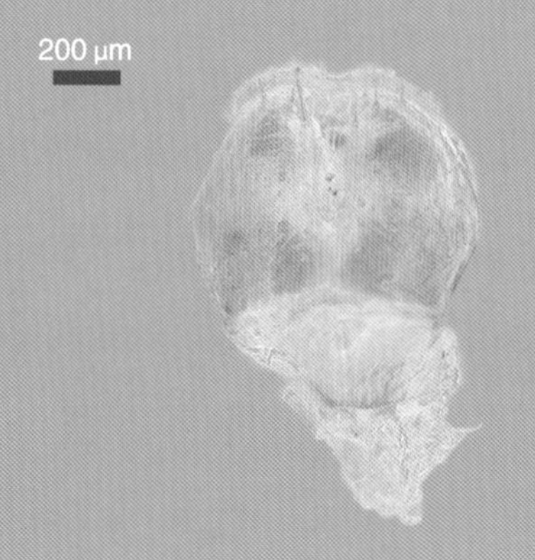

大长鼻白蚁大兵蚁上唇

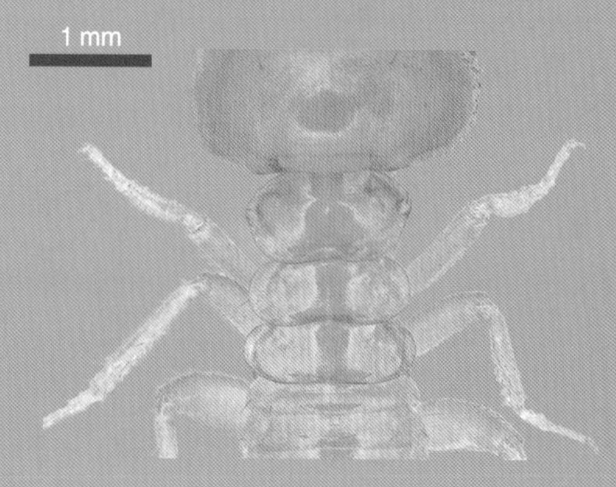

大长鼻白蚁大兵蚁前胸背板

［小兵蚁］体色与大兵蚁相同。头稍窄长，长（至颚基）稍大于宽，最宽处在触角窝的后方，两侧缘直，向前方逐渐收缩，后缘呈凸圆形；侧面观头扁，顶部略弓。触角15节，第2、3节等长，柱状。上唇长条形，后端较宽，中部偏前缩窄呈腰状，近前端展宽，端部和透明区前缘中央凹入较深，凹口两侧分成半圆两叶，背面中央具纵沟缝，由囟前纵沟延伸至唇端的沟缝，后唇基较长，梯形。上颚细长，后段较直，前段略向内弯。左上颚中点之前具2枚齿；右上颚与左上颚相对应位置具1枚齿，齿尖朝前。后颏腰部较缩窄，其宽略大于前缘。前胸背板窄于头，前缘向前方凸出，中央不凹，后缘中央略凹入；中胸背板与前胸背板近等宽；后胸背板较宽。

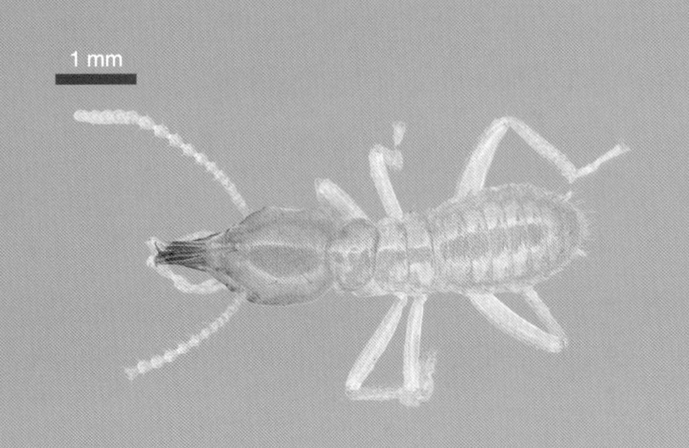

大长鼻白蚁小兵蚁

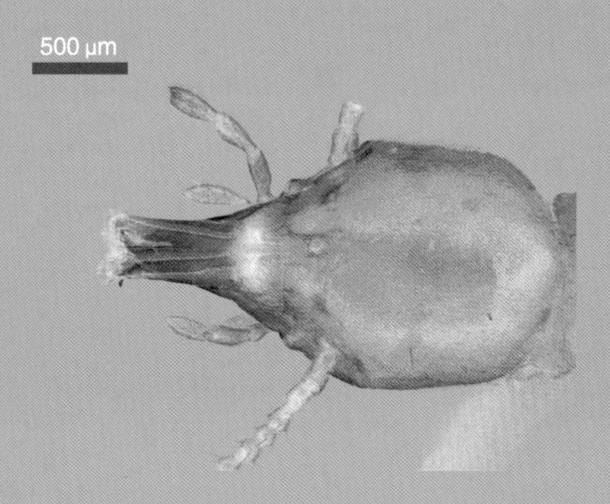

大长鼻白蚁小兵蚁头部

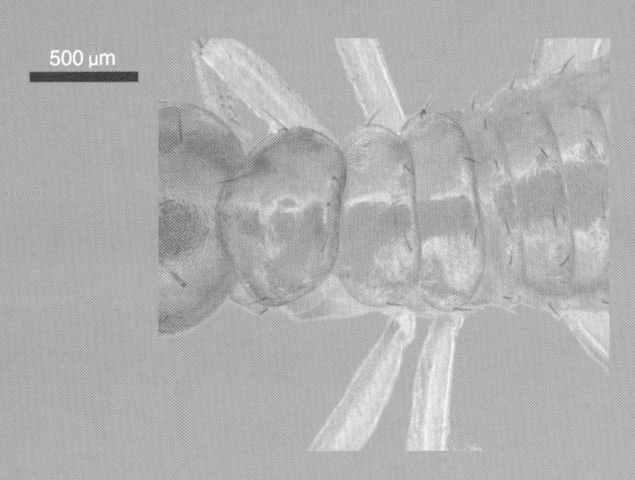

大长鼻白蚁小兵蚁前胸背板

大长鼻白蚁小兵蚁上颚

有翅成虫 体橘黄褐色，复眼黑色，单眼浅黄色，翅前缘脉、径分脉浅褐色。复眼后头区被稀毛，其中，中部具4根长毛；前胸背板中央区域被毛较稀，周缘着生有长短不一且较为密集的长毛；后颏两侧缘各着生有2根或3根长毛，中区着生4根或5根长毛，短毛较稀；翅鳞外缘、腹部腹板后缘及腹末段毛稍密。头壳近圆形，侧面观自囟孔前缘逐渐隆起至后唇基部，后唇基部前端有一舌状突起，突起的前缘呈三角形，中间具纵沟，纵沟延伸至囟孔前缘。囟孔圆形、内凹，前缘位于单眼后缘连线中央；囟孔两侧额区具有若干斜向前的弧状线纹，囟孔后具若干弧形横纹。复眼圆形，明显突出；单眼长卵形，稍突出；复眼到单眼的距离大于到触角窝的距离。左上颚具3枚缘齿，第1缘齿稍小于第3缘齿，但明显大于第2缘齿，左上颚齿指数0.89～1.51；右上颚具2枚缘齿，第1缘齿前具亚缘齿。触角20节，第2节长柱形，第3节长于且宽于第4节或第2节，第4节后各节呈圆球形，最后一节长卵形，稍长于邻节。前胸背板前缘平直，侧面观中央稍突起，两侧前宽后窄，后缘中央微凹入。后颏后区最宽，呈梯形。翅间具网状横纹，前翅C脉与Sc脉在距肩缝不远处合并，R脉伸达翅外缘，M脉自基缝处独立伸出具分支，Cu脉具11～14个分支；后翅R脉伸达翅外缘，M脉在肩缝处从R脉基部分出，Cu脉具11～12个分支。雄虫第9腹板具腹刺，雌虫缺。胫节距2∶2∶2。尾须2节。

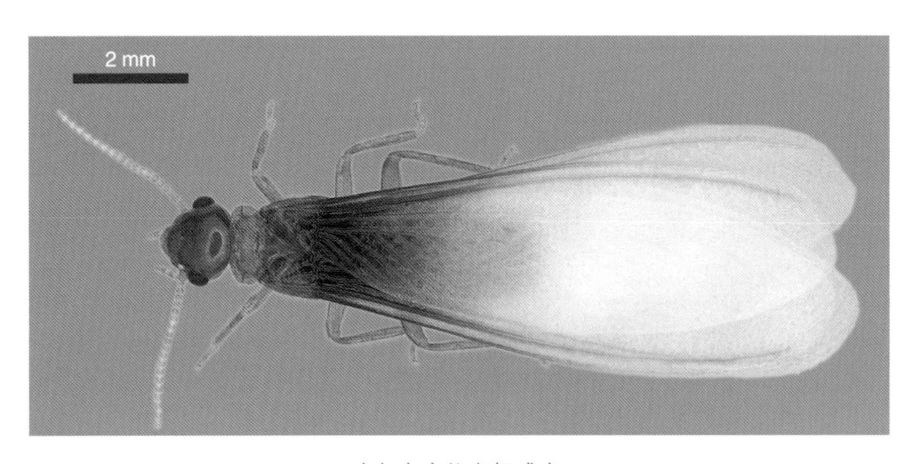

大长鼻白蚁有翅成虫

习性

土木两栖性白蚁。为害房屋木质墙脚线，松树和板栗等林木。生活习性不详。

乳白蚁属
Coptotermes

我国已记录24种，广西记录4种。

6　台湾乳白蚁

Coptotermes formosanus Shiraki

蚁巢识别特征

可在不同环境中营建大型蚁巢，如地下巢、树芯巢和墙体巢等。其巢体形状虽多种多样，但以椭圆形为主。其中，在地下建筑的蚁巢多以椭圆形为主；在木箱、砖墙、门壁、墙裙内建筑的蚁巢多呈方块形；在其他杂物堆内建筑的蚁巢依空间形状而变。蚁巢外围有30～50 mm厚的疏松泥壳（又称防水层），其上有针点状的通气孔。巢内有许多重叠的巢片，呈同心圆状或蜂窝状排列。该种白蚁蚁巢有主巢和副巢之分，主巢只有1个，副巢或无或有1～2个，主副巢之间由蚁路相连通。主巢与副巢的主要区别是主巢内有蚁王、蚁后及其居住的“王宫”，“王宫”由较坚硬的泥质做成，近半月形，周边有孔口，便于白蚁出入，巢内有卵及若蚁；副巢无“王宫”，无卵和若蚁。主巢的外露迹象有通气孔和排泄物，而副巢只有分飞孔。一般主巢在下，副巢在上，或主副巢在同一水平面上。主巢兵蚁较多，副巢兵蚁较少。地上木材中的蚁巢和树芯巢，其蚁路颜色多为褐色，且多纤维质；地下蚁巢的蚁路以土质为主；在空心墙柱和门楣内的蚁巢，其蚁路成分带有砂质和石灰碎粒。部分巢体还营建有连接水源的汲水线。

A

B

台湾乳白蚁树心巢的外部特征

台湾乳白蚁树心巢的内部结构

台湾乳白蚁在废弃家具中的巢

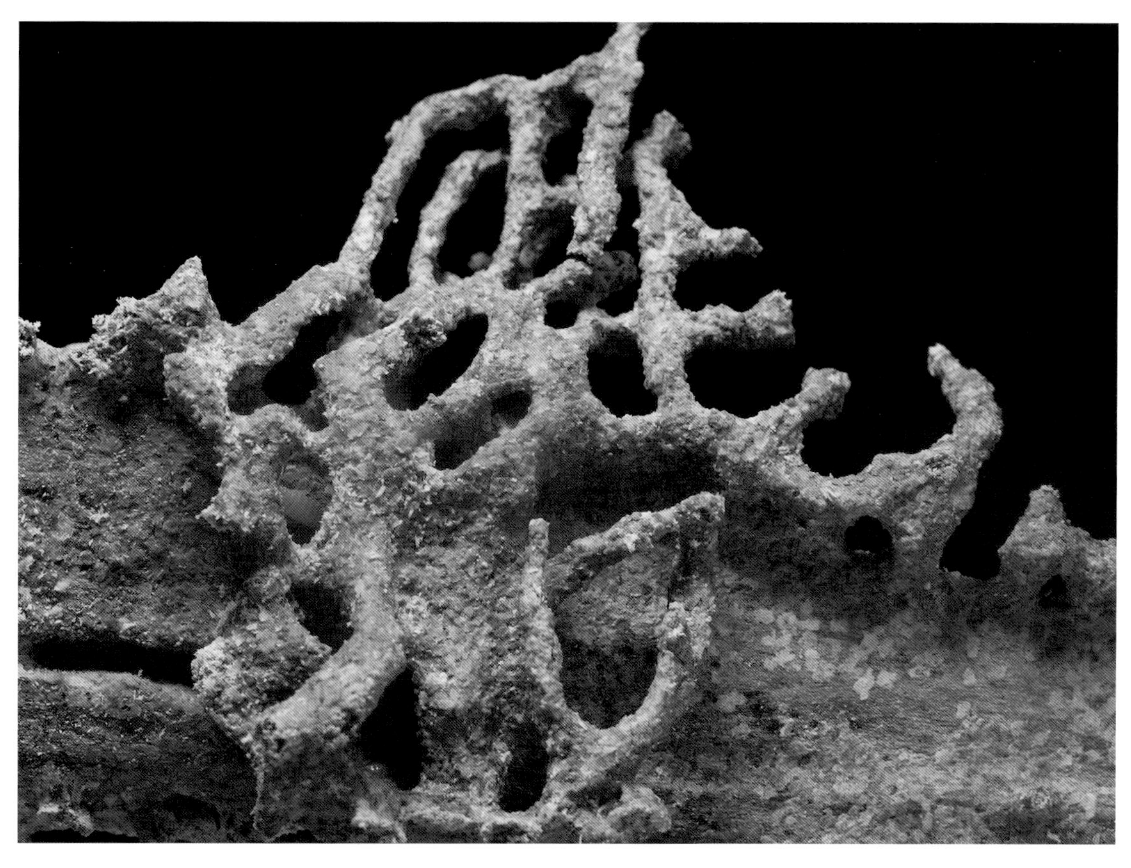

台湾乳白蚁巢片特写

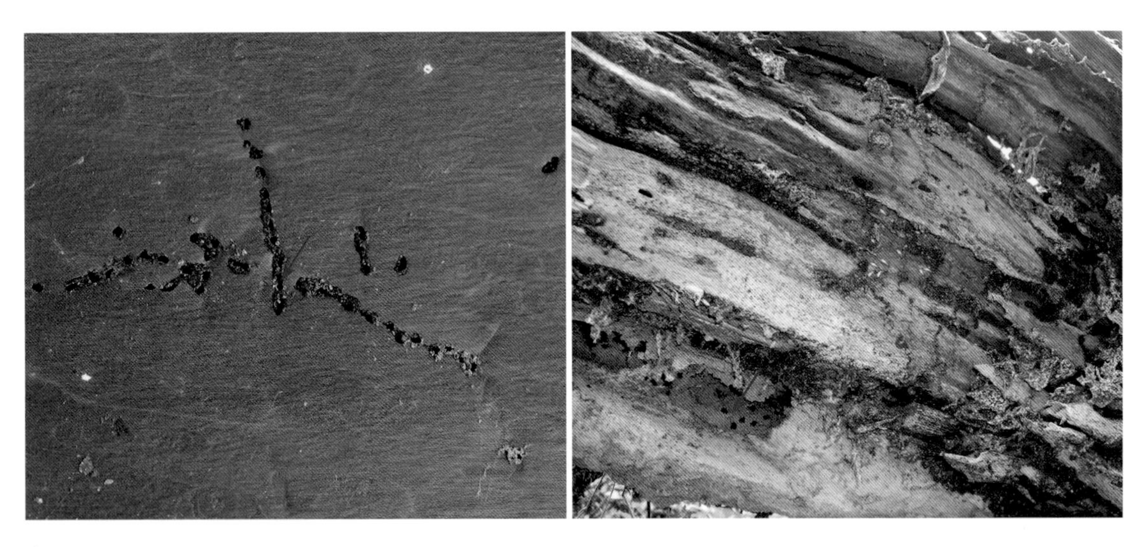

台湾乳白蚁通气孔　　台湾乳白蚁树干表面修筑的通气孔

台湾乳白蚁蚁路　　台湾乳白蚁汲水线

主要品级形态特征

成熟巢体中包括原始蚁王、原始蚁后、补充型繁殖蚁、卵、幼蚁、工蚁、若蚁、兵蚁和有翅成虫等。

台湾乳白蚁幼龄巢中的原始蚁王（A）、原始蚁后（B）、幼蚁（C）、工蚁（D）和兵蚁（E）

台湾乳白蚁成熟蚁巢中的原始蚁王（A）、原始蚁后（B）、工蚁（C）和兵蚁（D）

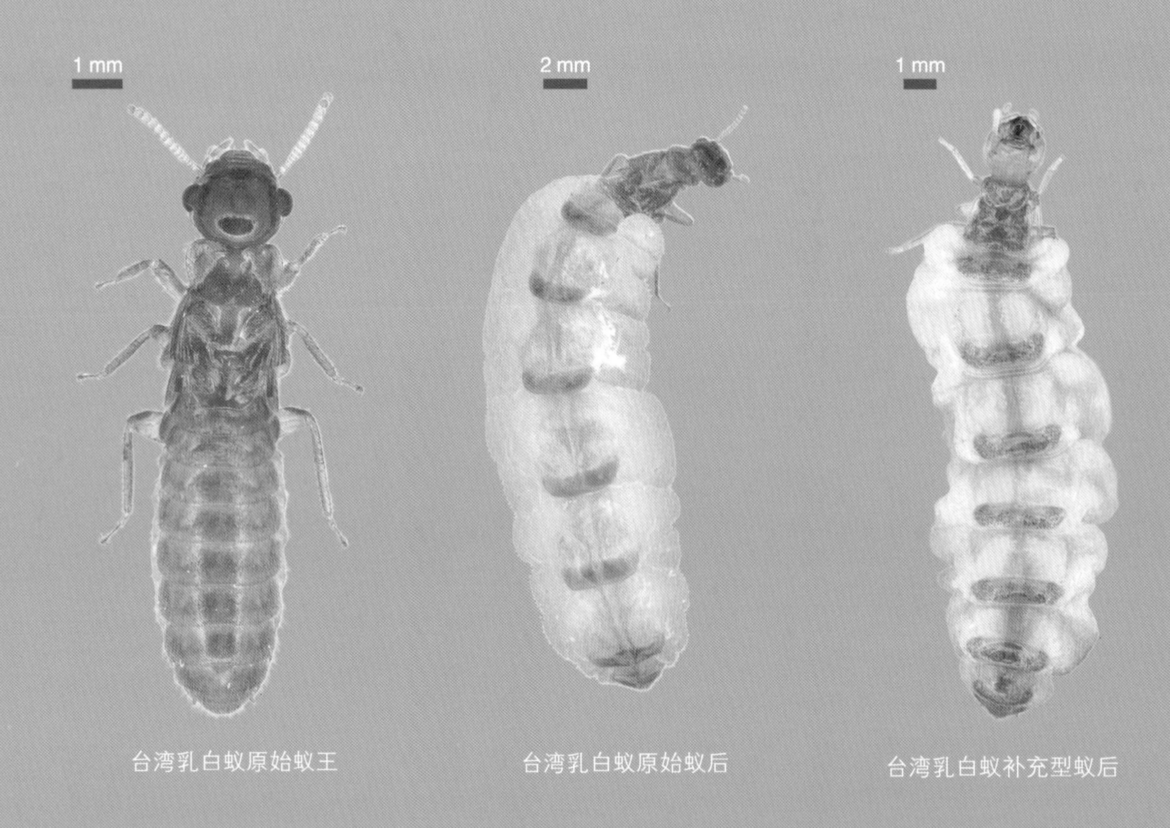

台湾乳白蚁原始蚁王　台湾乳白蚁原始蚁后　台湾乳白蚁补充型蚁后

台湾乳白蚁卵和幼蚁

1 mm
台湾乳白蚁工蚁
1 mm
台湾乳白蚁若蚁
1 mm
台湾乳白蚁前兵蚁

兵蚁　头、触角浅黄色，上颚黑褐色，腹部乳白色。头呈椭圆形，最宽处在头的中段之后。囟孔上窄下宽，呈卵圆形，大而显著，位于头前端的一个微突起的短管上，朝向前方。触角14～15节，多数第3节或第4节较短。上唇近舌形，前端有一个不明显的透明尖，伸达上颚的1/2处。上颚镰刀状，前端向内弯，左上颚基部有一深凹刻，其前另有4个小突起，愈靠前愈小，颚的其余部分光滑无齿。前胸背板较头窄，平坦，前缘及后缘中央具缺刻。

台湾乳白蚁兵蚁

台湾乳白蚁兵蚁头部背面观

1 mm

台湾乳白蚁兵蚁头部腹面观

台湾乳白蚁兵蚁头部侧面观

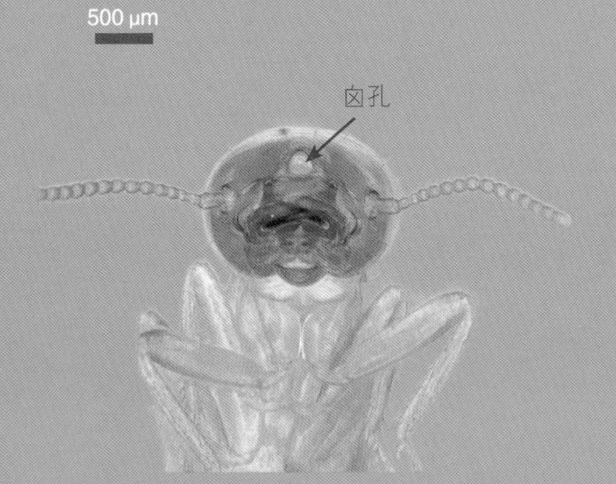

台湾乳白蚁兵蚁额区囟孔

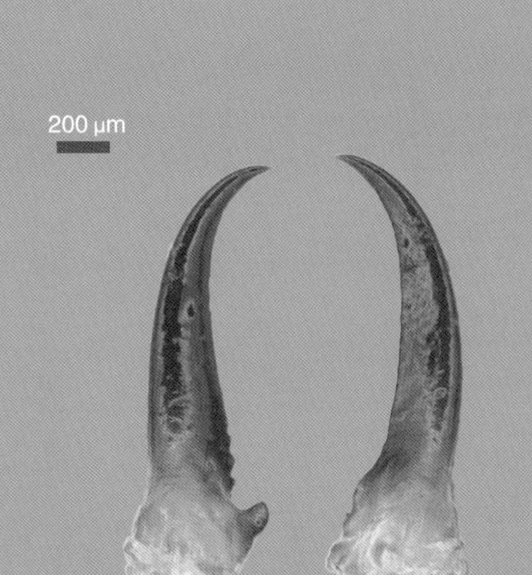

台湾乳白蚁兵蚁上颚

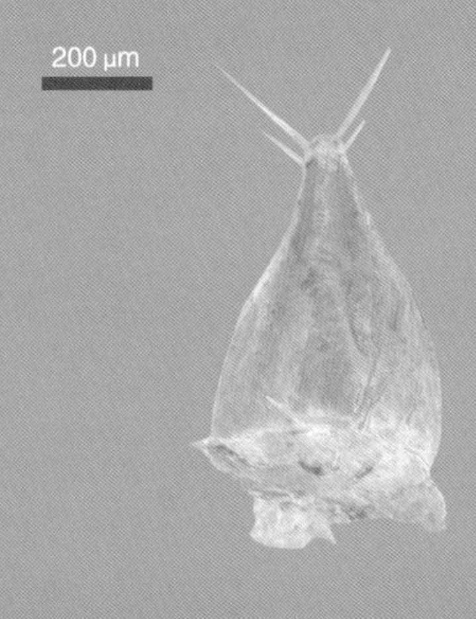

台湾乳白蚁兵蚁上唇

有翅成虫 头背面深黄褐色，前唇基白色，上唇淡黄色，胸、腹背面黄褐色，比头色淡，腹部腹面黄色，翅微呈淡黄色。复眼近似于圆形；单眼长圆形，单眼与复眼的距离小于单眼的直径长度。触角19～21节，多数第3节或第4节较短。后唇基略隆起，极短，横条状，长度相当于宽度的1/4～1/3；前唇基长于后唇基；上唇前端圆形。前胸背板前缘向内凹，侧缘与后缘连成圆弧形，后缘中央凹入。前翅鳞大于后翅鳞，翅面密布细短毛。

台湾乳白蚁有翅成虫

台湾乳白蚁生活史

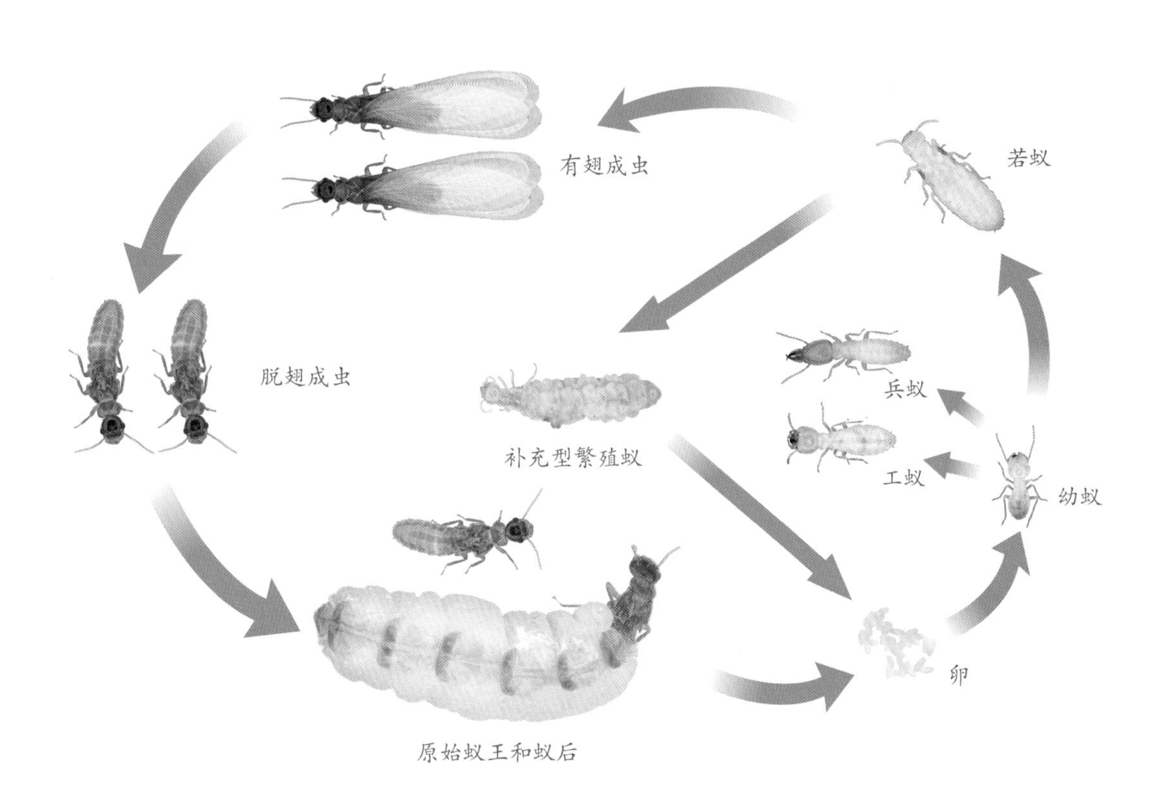

习性

土木两栖性白蚁。取食枯树桩、枯枝、活树枯死部位。家居环境中，可为害门框、窗框、地板等木质构件，以及电线、燃气管道等。在广西，4月底巢内常出现有翅成虫，分飞孔呈条形或T形，4～6月傍晚分飞，尤以19:00～19:40为盛。分飞后不久便纷纷落地爬行、脱翅、雌雄追逐、配对、寻找隐蔽场所、营巢。工蚁常清洁卵粒；兵蚁多抵御外敌。

台湾乳白蚁为害园林树木

台湾乳白蚁为害电线

台湾乳白蚁为害燃气管道

台湾乳白蚁在门框上修筑的长条形分飞孔

台湾乳白蚁在树干上修筑的长条形分飞孔

台湾乳白蚁在树干上修筑T形分飞孔

台湾乳白蚁工蚁清洁卵粒

台湾乳白蚁分飞时兵蚁护卫分飞孔

A

B

台湾乳白蚁兵蚁防御场景

散白蚁属
Reticulitermes

我国已记录55种，广西记录38种。

7　肖若散白蚁
Reticulitermes affinis Hsia et Fan

蚁巢识别特征

不详。

主要品级形态特征

兵蚁　头暗褐黄色，上颚深紫褐色，体暗黄白色。头长方形，被毛稀疏，两侧平行，后缘中央平直；额峰明显隆起，峰间凹入较浅。触角16～17节。上唇长矛状，前部瘦窄，唇端稍钝，具端毛、亚端毛和侧端毛。上颚长，颚端颇弯，颚基峰不明显。后颏最宽区约位于前1/5处，腰区两侧平行。前胸背板前缘颇宽于后缘，两侧缘近直线急向后弯，四角窄圆，前后缘平直，前缘宽V形凹切较深，后缘中央浅切入，中区具毛约16根。

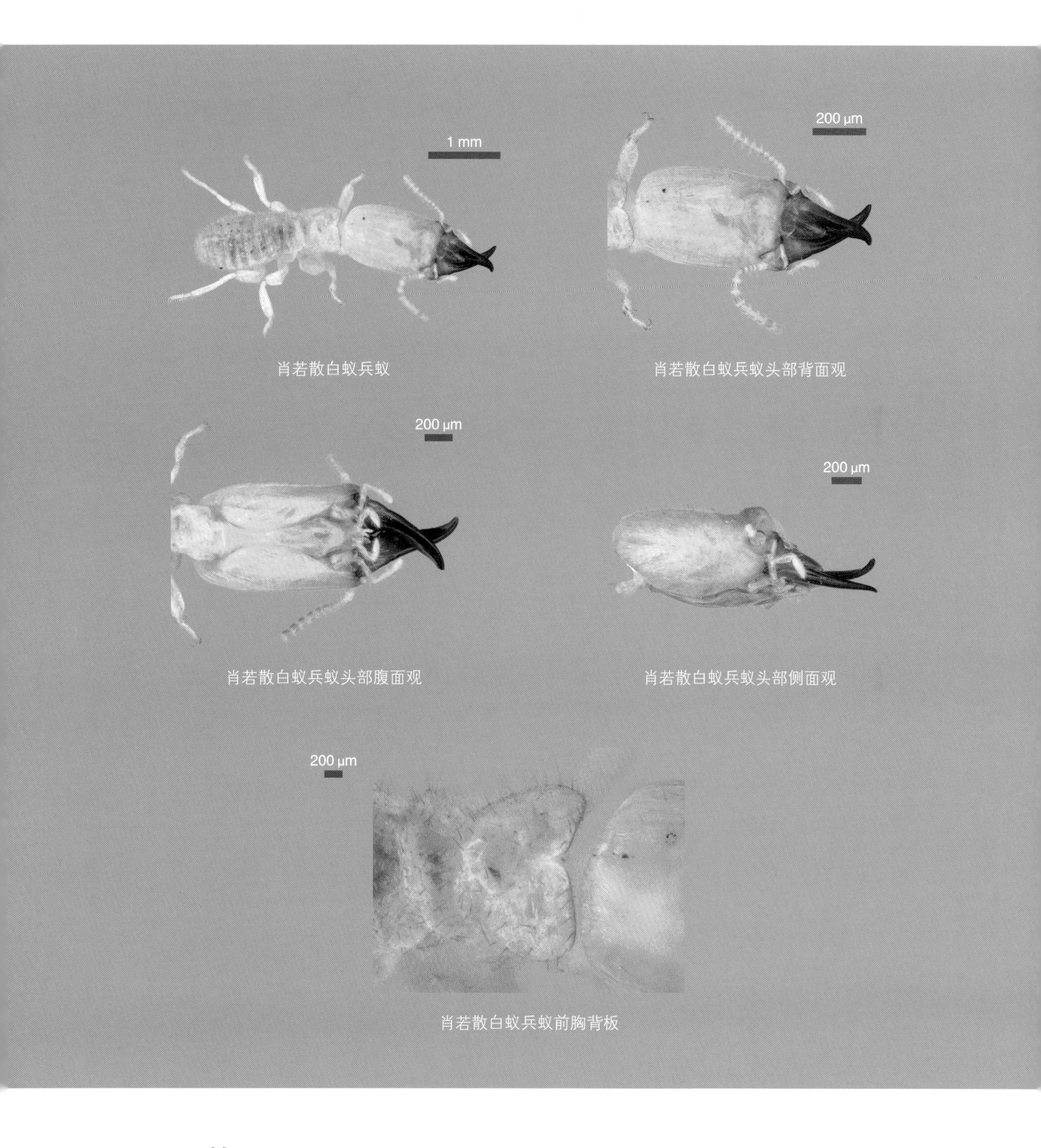

肖若散白蚁兵蚁

肖若散白蚁兵蚁头部背面观

肖若散白蚁兵蚁头部腹面观

肖若散白蚁兵蚁头部侧面观

肖若散白蚁兵蚁前胸背板

习性

不详。

8 柠黄散白蚁

Reticulitermes citrinus Ping et Li

蚁巢识别特征

不详。

主要品级形态特征

兵蚁 体黄色，胸、腹部淡黄白色。头长方形，两侧近平行或向后稍扩出；侧面观额峰微隆起。触角16节。上唇呈矛状，长略大于宽，唇端半透明区窄圆突出，具端毛和亚端毛各一对，缺侧端毛，唇脊上间或有数根刚毛。上颚较短壮，颚长不及头壳长的1/2，颚端较弯，颚外缘最基峰不明显；下颚内颚叶缘具毛9～10根。后颏腰缩指数为0.28～0.30。前胸背板前缘凹入较后缘深，中区具毛约20根。

习性

不详。

柠黄散白蚁兵蚁头部背面观

柠黄散白蚁兵蚁头部腹面观

柠黄散白蚁兵蚁头部侧面观

柠黄散白蚁兵蚁上颚

9 黑胸散白蚁

Reticulitermes chinensis Snyder

蚁巢识别特征

可在树根、堆放在地面的木材、房屋内的地板、门框、墙角木柱等处筑小型巢，群体小而分散。巢体内部呈松散的蜂窝状，有木屑粉、土粒及白蚁分泌物和排泄物混合做成的大小不一的泡状腔室；在木材内，白蚁蛀食后形成许多不规则的孔道，蚁后和蚁王居住在较宽敞的孔道内，无明显的“王室”；分飞孔呈椭圆形，条状排列；蚁路多用泥筑在受害物的表面，呈半月形管状。

主要品级形态特征

成熟巢体中包括原始蚁王、原始蚁后、补充型繁殖蚁、卵、幼蚁、工蚁、若蚁、兵蚁和有翅成虫等。

黑胸散白蚁兵蚁（A）和有翅成虫（B）

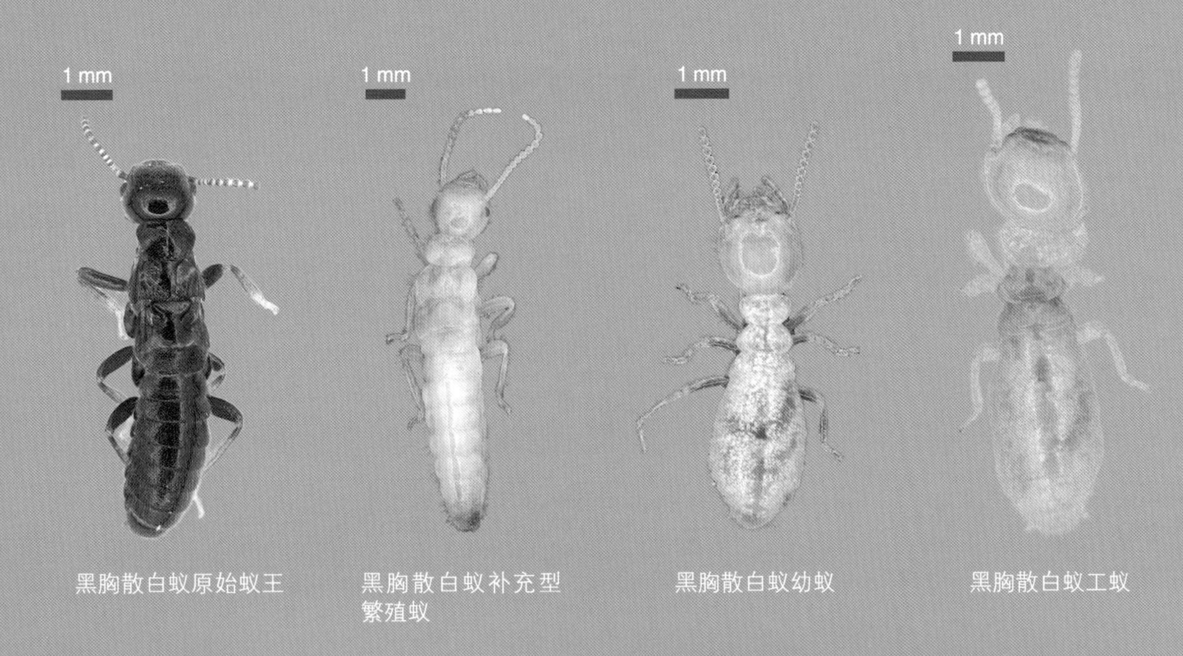

黑胸散白蚁原始蚁王　黑胸散白蚁补充型繁殖蚁　黑胸散白蚁幼蚁　黑胸散白蚁工蚁

黑胸散白蚁幼蚁（A）和工蚁（B）

黑胸散白蚁工蚁（A）和若蚁（B）

兵蚁　头黄褐色，上颚赤褐色。头被毛稀疏，长方形，两侧平行，后侧角略圆，后缘近平直，额区平坦或隆起。触角16～18节。上唇矛状，唇端尖圆，具端毛和亚端毛，侧端毛小或缺。上颚稍粗，颚端略弯，其长为头壳长的0.57～0.64倍，为头宽的0.97～1.00倍。后颏宽区位于前段1/4～1/5处，前侧边近梯形，腰区稍细，两侧边近宽弧形。前胸背板梯形，宽为长的1.64～1.73倍，前后缘近平直，前缘中央浅凹入，中区一般具毛6根。

黑胸散白蚁兵蚁

黑胸散白蚁兵蚁头部背面观

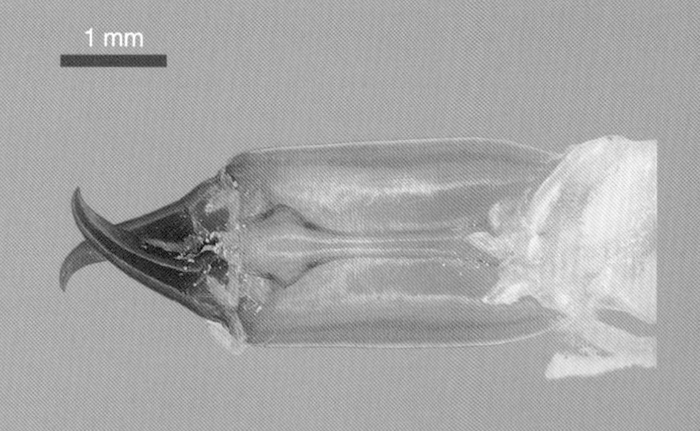

黑胸散白蚁兵蚁头部腹面观

黑胸散白蚁兵蚁头部侧面观

有翅成虫 头壳、后颏、前胸背板、足腿节深栗褐色，上唇和后唇基色比头壳淡，足胫节淡于腿节。头圆形，背缘缓拱起。后唇基明显突起，稍低于头顶，高于单眼。囟点状。复眼近圆形，复眼与头下缘间距明显小于复眼短距；单眼近圆形，单复眼间距约为单眼直径长度的一半。触角17～18节。前胸背板宽约为长的1.55倍，前缘宽V形浅凹入，后缘中央浅凹。

黑胸散白蚁有翅成虫

习性

土木两栖性白蚁。多在建筑较低处营巢为害，无汲水线，多发生在较潮湿之处。食物不能满足其群体需求时，迁巢活动频繁，甚至会发生群体“分家”的现象，即巢群中的补充繁殖蚁与一部分工蚁、兵蚁脱离原群体，成为一个独立的新群体，或迁巢时原始繁殖蚁带走部分群体个体，而留下来的那部分群体中会产生新的补充繁殖蚁，成为一个独立的补充繁殖蚁群体。在4～5月傍晚分飞。

10 黄胸散白蚁

Reticulitermes flaviceps Oshima

蚁巢识别特征

在木材或土壤中蛀蚀或筑成孔道形成巢体，巢小且形状多与受害物或活动的场所有关，属半分散型巢居。蚁巢无主副巢之分。

黄胸散白蚁的分飞孔

黄胸散白蚁的分飞孔

主要品级形态特征

成熟巢体中包括原始蚁王、原始蚁后、补充型繁殖蚁、卵、幼蚁、工蚁、若蚁、兵蚁和有翅成虫等。

黄胸散白蚁原始蚁后（A）、幼蚁（B）、工蚁（C）和前兵蚁（D）

黄胸散白蚁原始蚁王

黄胸散白蚁原始蚁后

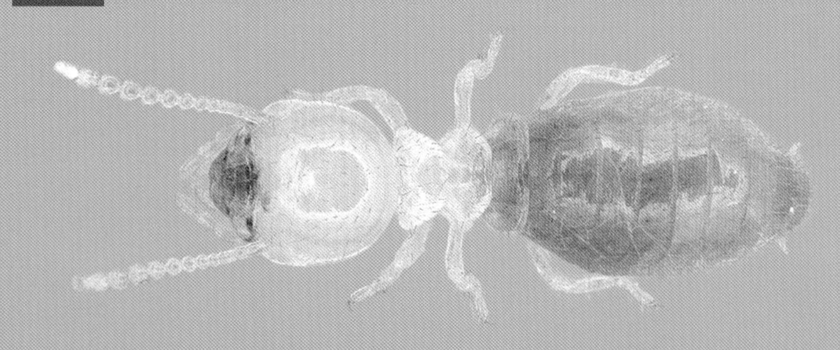

黄胸散白蚁工蚁

兵蚁　头黄褐色，上颚紫褐色。头长方形，被毛较稀，两侧平行，向后稍扩，头后缘宽圆；额峰略隆起，额间近平。触角16节。上唇矛状，唇端窄圆至尖圆，具端毛、亚端毛和侧短毛。上颚军刀状，颚体较直，右颚端基本不弯，左颚端稍弯。后颏最宽区位于前段1/5处，前侧边近梯形，腰区较宽，两侧近宽弧形。前胸背板前缘呈两宽弧状相交且中央浅凹，后缘近平直，中央稍凹，两侧缘似倒梯形，中区具毛约20根。

黄胸散白蚁兵蚁背面观

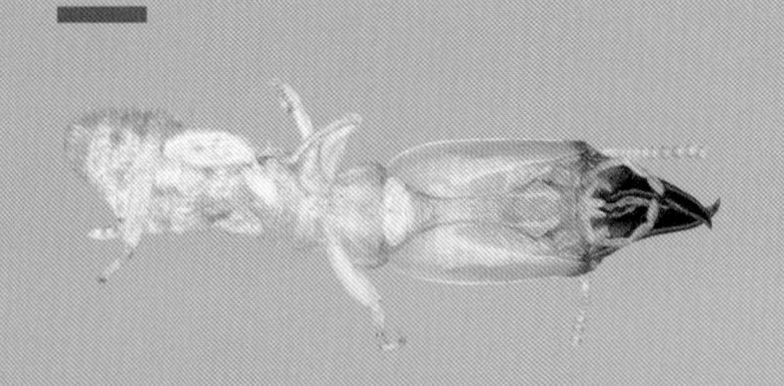

黄胸散白蚁兵蚁腹面观

黄胸散白蚁兵蚁侧面观

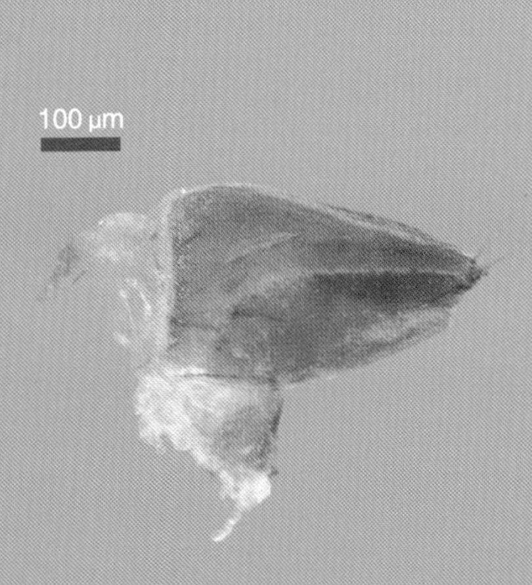

黄胸散白蚁兵蚁上唇

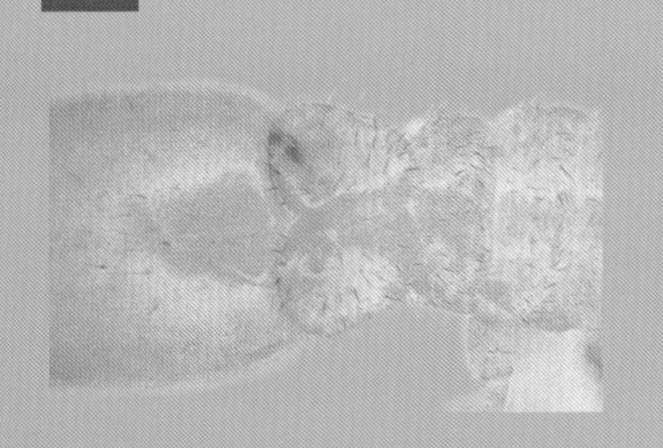

黄胸散白蚁兵蚁前胸背板

有翅成虫 头栗褐色，后颏、前胸背板灰黄色，上唇褐色，后唇基、足胫节黄褐色，足腿节深黄褐色。头圆形而稍长；头背缘缓拱起。囟小点状，距额前缘约0.48 mm。复眼近圆形，其与头下缘间距约等于复眼的短径长度；单眼近圆形，单复眼间距约为单眼直径长度的一半。前缘中央凹入较浅，后缘中央凹入略深。

黄胸散白蚁有翅成虫

黄胸散白蚁生活史

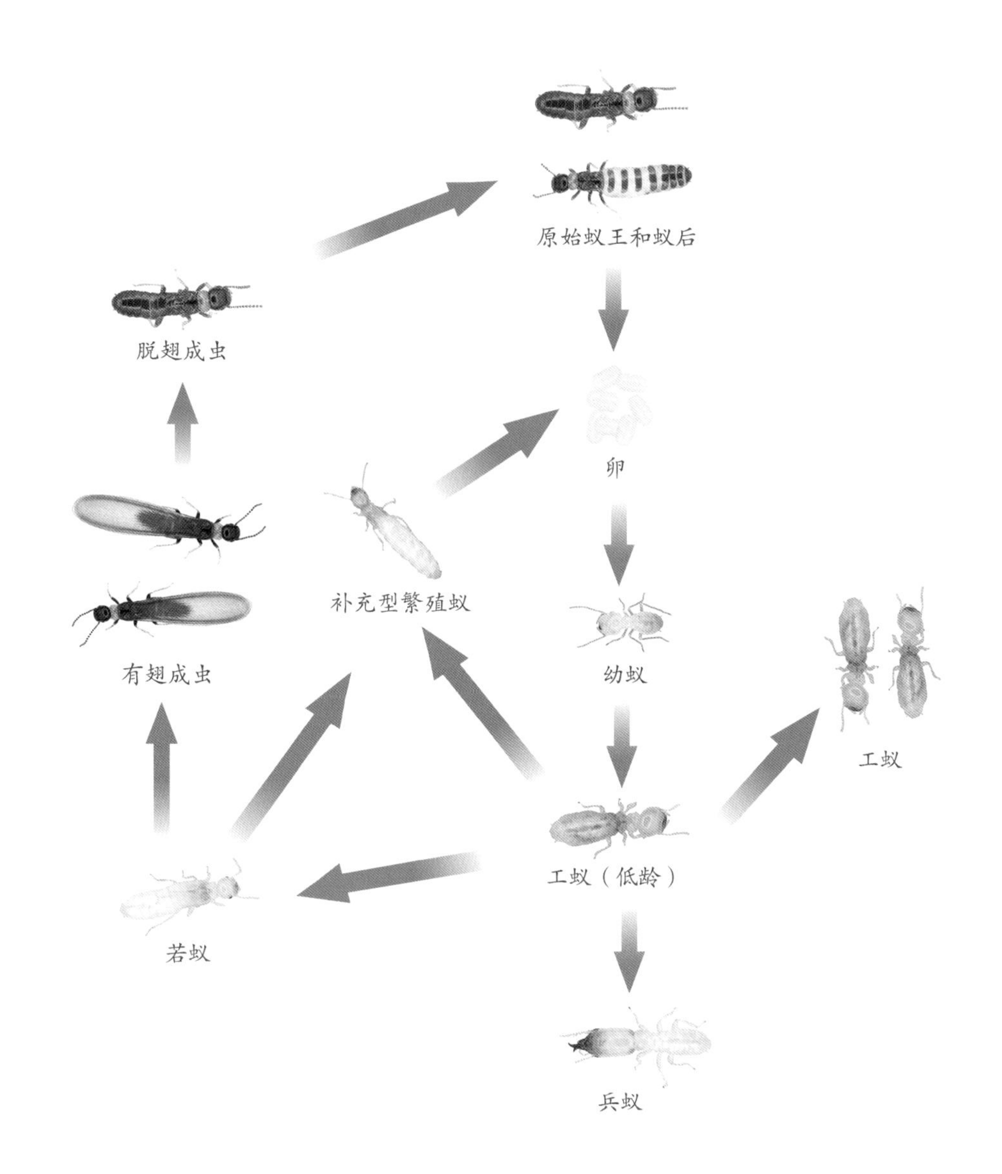

习性

土木两栖性白蚁。主要为害房屋内的木制品、室外木桩、竹篱笆、木电杆、树木、地下电缆、仓库物资及包装箱、文物资料等。2～3月分飞，分飞时间为9:00～18:30，多集中在13:00～15:00；每个巢群一般分飞2～5次，每次15～30 min。

11　广州散白蚁

Reticulitermes guangzhouensis Ping

蚁巢识别特征

不详。

主要品级形态特征

成熟巢体中包括原始蚁王、原始蚁后、补充型繁殖蚁、卵、幼蚁、工蚁、若蚁、兵蚁和有翅成虫等。

兵蚁　头淡黄色，上颚紫褐色。头长方形，被毛中等密度，两侧近平行或稍向后扩，后缘近平直；额峰隆起，额间稍凹。触角14～16节。上唇矛状，唇端窄圆，具端毛和亚端毛，缺侧端毛。上颚端尖细而稍弯。后颏最宽区位于前段1/4处，前侧边梯形，腰区较宽而稍短。前胸背板前缘呈两弧状相交，两侧缘稍向后斜，后缘中央稍凹，中区具毛30～40根。

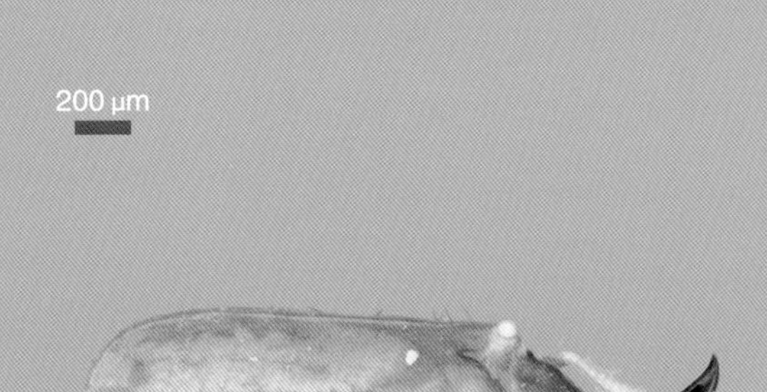

广州散白蚁兵蚁头部背面观

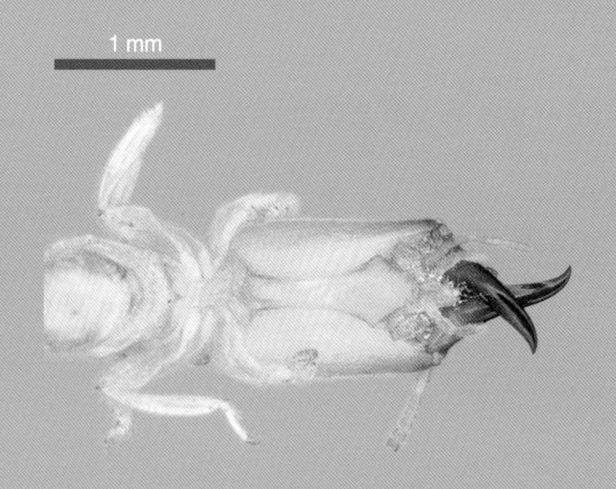

广州散白蚁兵蚁头部腹面观

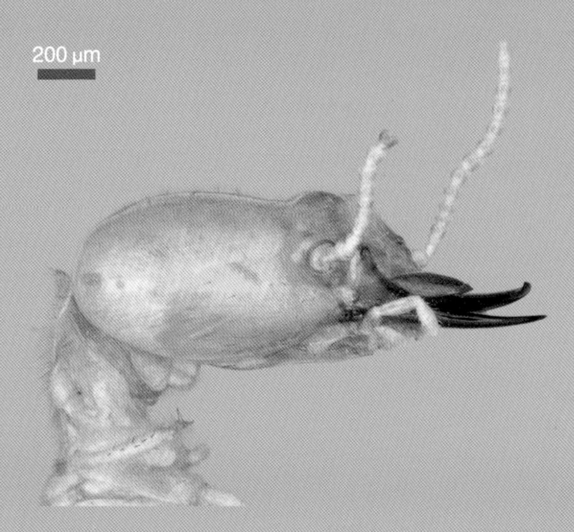

广州散白蚁兵蚁头部侧面观

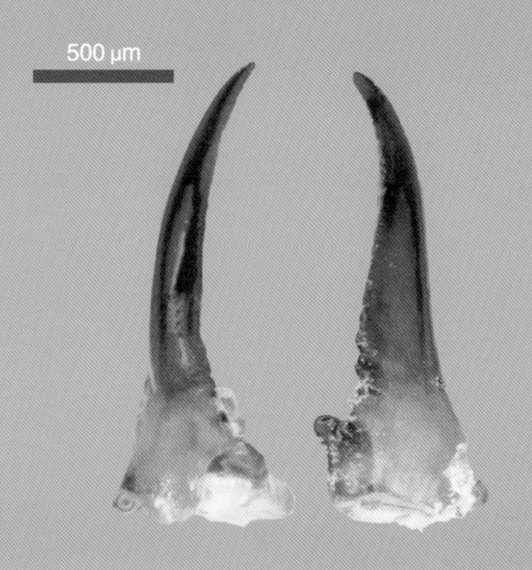

广州散白蚁兵蚁上颚

有翅成虫 头、后颏和足腿节黑褐色，前胸背板、胫节灰黄色，上唇、后唇基比头壳稍淡，翅褐色。头圆形稍长，背缘稍拱起。后唇基稍突起，低于头顶，高于单眼。囟点状，距额前缘约0.48 mm。复眼钝角三角形，短径的长度约等于和头下缘间距；单眼近圆形，长径的长度稍大于单复眼间距。触角17～18节。前胸背板前后缘近平直，中央凹入均不明显。

习性

不详。

12　细颚散白蚁

Reticulitermes leptomandibularis Hsia et Fan

蚁巢识别特征

不详。

主要品级形态特征

成熟巢体中包括原始蚁王、原始蚁后、补充型繁殖蚁、卵、幼蚁、工蚁、若蚁、兵蚁和有翅成虫等。

兵蚁　头黄褐色，上颚赤褐色。头壳长方形，被毛稀疏，两侧近平行，后缘中央平直，后侧角稍圆；额峰微隆，额间稍凹。触角15～16节。上唇尖矛状，唇端透明区针状，具端毛和亚端毛，缺侧端毛。上颚较细直，颚端尖细而略弯。后颏最宽处位于前段的1/6处，前侧边似梯形后扩，中段稍凹，腰区细长，两侧平行。前胸背板梯形，前后缘近平直，中央均具浅凹刻，中区具毛6根。

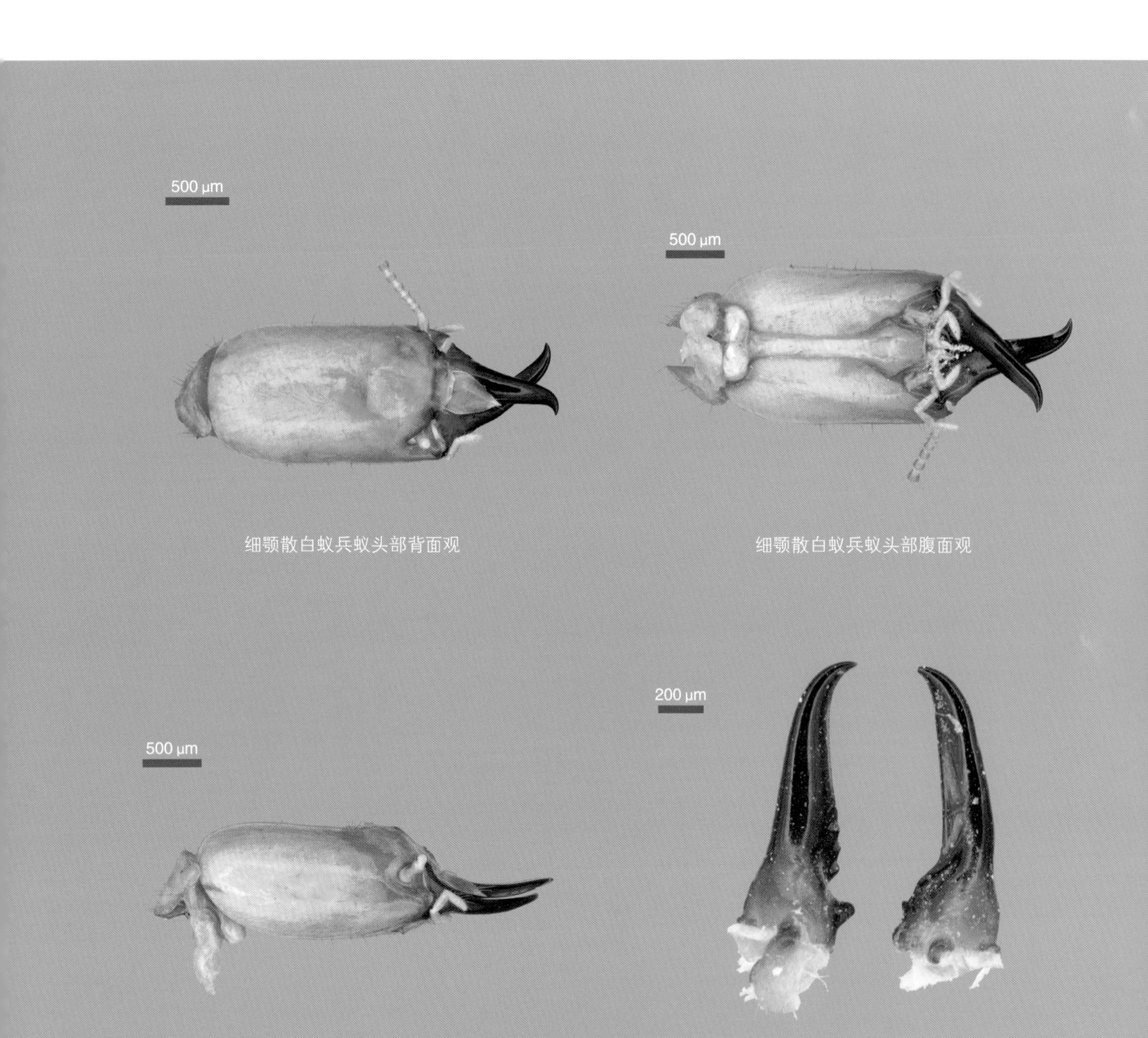

细颚散白蚁兵蚁头部背面观

细颚散白蚁兵蚁头部腹面观

细颚散白蚁兵蚁头部侧面观

细颚散白蚁兵蚁上颚

有翅成虫 头栗褐色，上唇、后唇基淡褐色，前胸背板色较头深，后颏和足腿节淡褐色，足胫节淡黄色，翅淡褐色。头近圆形，背缘丘状。囟点状，距额前缘0.48 mm。后唇基弱突起，低于头顶，约与单眼平。复眼近圆形，短径的长度明显大于其至头下缘间距；单眼长圆形，长径的长度为单复眼间距的2倍。触角17节。前胸背板梯形，前缘平直，中央浅缺切，后缘中央V形切刻。

习性

不详。

白蚁科

Termitidae

白蚁科在广西分布有16属70种，本书记录4属6种。

白蚁科
- 钩白蚁属
  - 小头钩白蚁
- 大白蚁属
  - 土垅大白蚁
  - 黄翅大白蚁
- 土白蚁属
  - 黑翅土白蚁
- 近扭白蚁属
  - 多毛近扭白蚁
  - 五指山近扭白蚁

钩白蚁属
Ancistrotermes

我国已记录6种，广西仅记录1种。

13　小头钩白蚁

Ancistrotermes dimorphus Tsai et Chen

蚁巢识别特征

巢筑于地下，常修筑于土垅大白蚁或云南土白蚁蚁巢内部。蚁巢由“王宫”、腔室、蚁路、菌圃和分飞孔5部分组成。“王宫”无明显的外部轮廓特征，通常较一般的腔室更加宽敞、平坦，中部略凹。巢内有大量腔室，一部分用于存放菌圃，一部分用于存放卵粒和供幼蚁、若蚁、有翅蚁活动。菌圃形成初期结构呈浅黄色，表面呈半圆形颗粒状，无明显孔洞。随着菌圃的逐渐增大，菌圃颜色加深，呈灰黄色或灰褐色或灰白色，表面沟纹呈波浪式或螺旋式，有不规则的孔洞。分飞孔呈孔状，直径4～8 mm，开口处与地面相平或略高，位于“王宫”上方。

小头钩白蚁巢剖面观

小头钩白蚁巢菌圃生长出的早期鸡枞菌

小头钩白蚁巢菌圃生长出的成熟期鸡枞菌

主要品级形态特征

成熟蚁巢中包括原始蚁王、原始蚁后、卵、幼蚁、大工蚁、小工蚁、若蚁、大兵蚁、小兵蚁和有翅成虫等。

小头钩白蚁幼龄巢中原始蚁王（A）、原始蚁后（B）、幼蚁（C）、大工蚁（D）、小工蚁（E）和小兵蚁（F）

2 mm
小头钩白蚁成熟蚁巢
中的原始蚁王
2 mm
小头钩白蚁成熟蚁巢
中的原始蚁后
2 mm
小头钩白蚁若蚁

小头钩白蚁巢中的幼蚁（A）、大工蚁（B）、小工蚁（C）和若蚁（D）

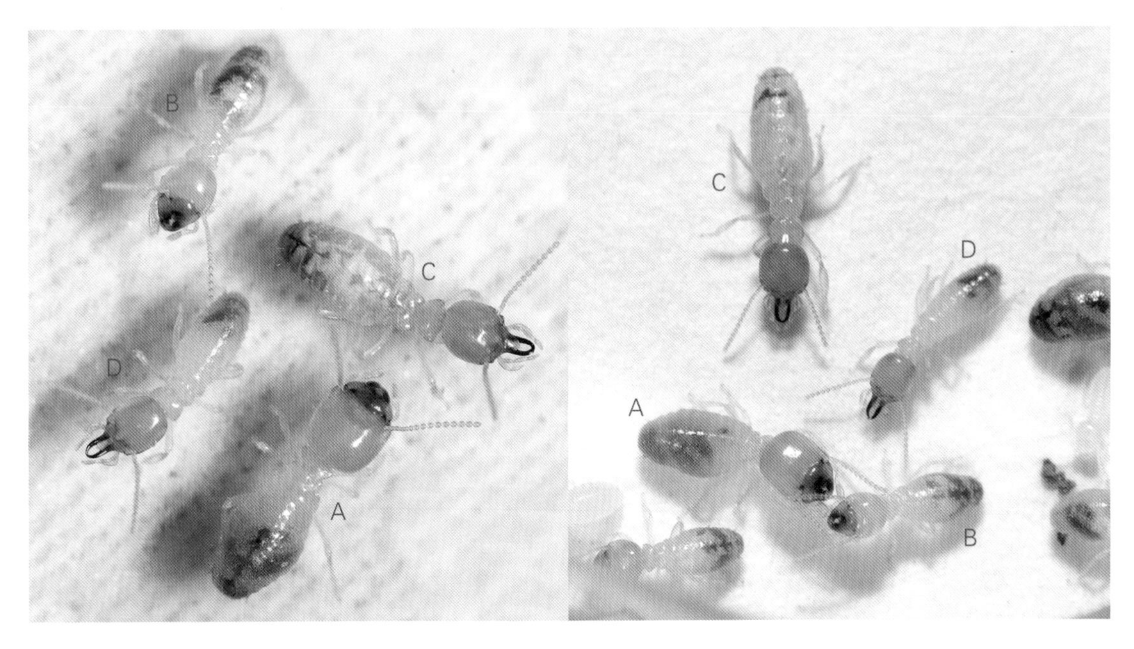

小头钩白蚁大工蚁（A）、小工蚁（B）、大兵蚁（C）和小兵蚁（D）

小头钩白蚁巢中的大工蚁（A）、小工蚁（B）、若蚁（C）、大兵蚁（D）、小兵蚁（E）和有翅成虫（F）

兵蚁 兵蚁二型。

［大兵蚁］体长5.14～5.57 mm。头黄色，上颚赤褐色，基段同头色，腹部浅黄色。上唇前缘有少许长毛。头介于圆形和方形之间，前部最宽，两侧及后缘微弓，后侧角圆，背面丘状隆起。触角多15节，极少16节，第2节短于第3节和第4节之和，第3节略短于第4节。上唇窄三角形，边长近相等，前端钝圆，前缘有少许长毛。上颚前端内弯，两上颚基部各具1枚基齿，右上颚基齿前方具1微小齿粒。前胸背板前部略隆起，前后缘中央内凹。

［小兵蚁］体长4.50～4.86 mm。体色、头色同大兵蚁，腹部灰白不透明。全身覆以分散短毛。各部形态似大兵蚁。

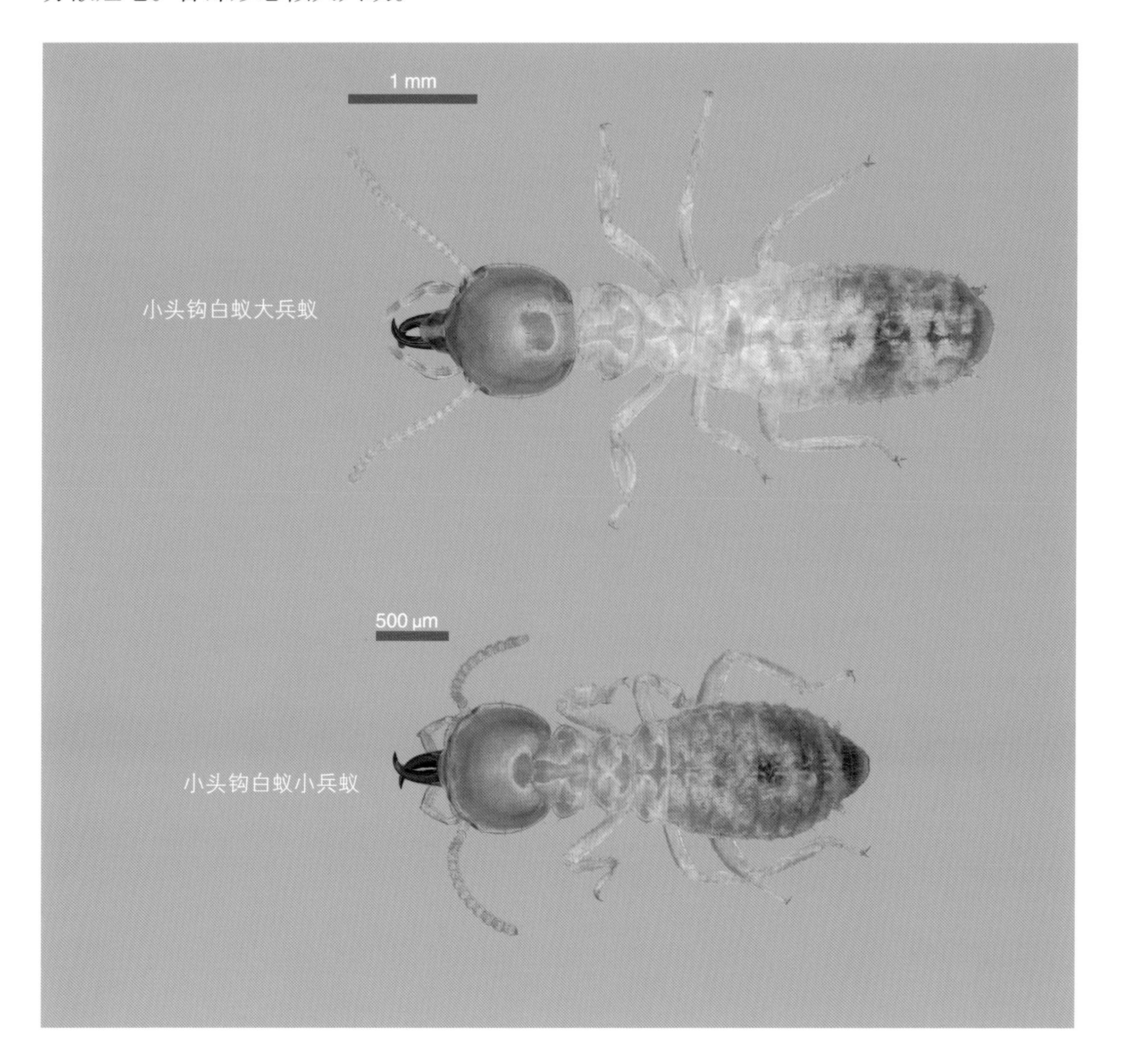

工蚁　工蚁二型。

［大工蚁］体长4.8～5.2 mm。大工蚁头部黄色，腹部白色。触角16节。

［小工蚁］体长3.6～4.1 mm。小工蚁体形较大工蚁小，触角15节，其余同大工蚁。

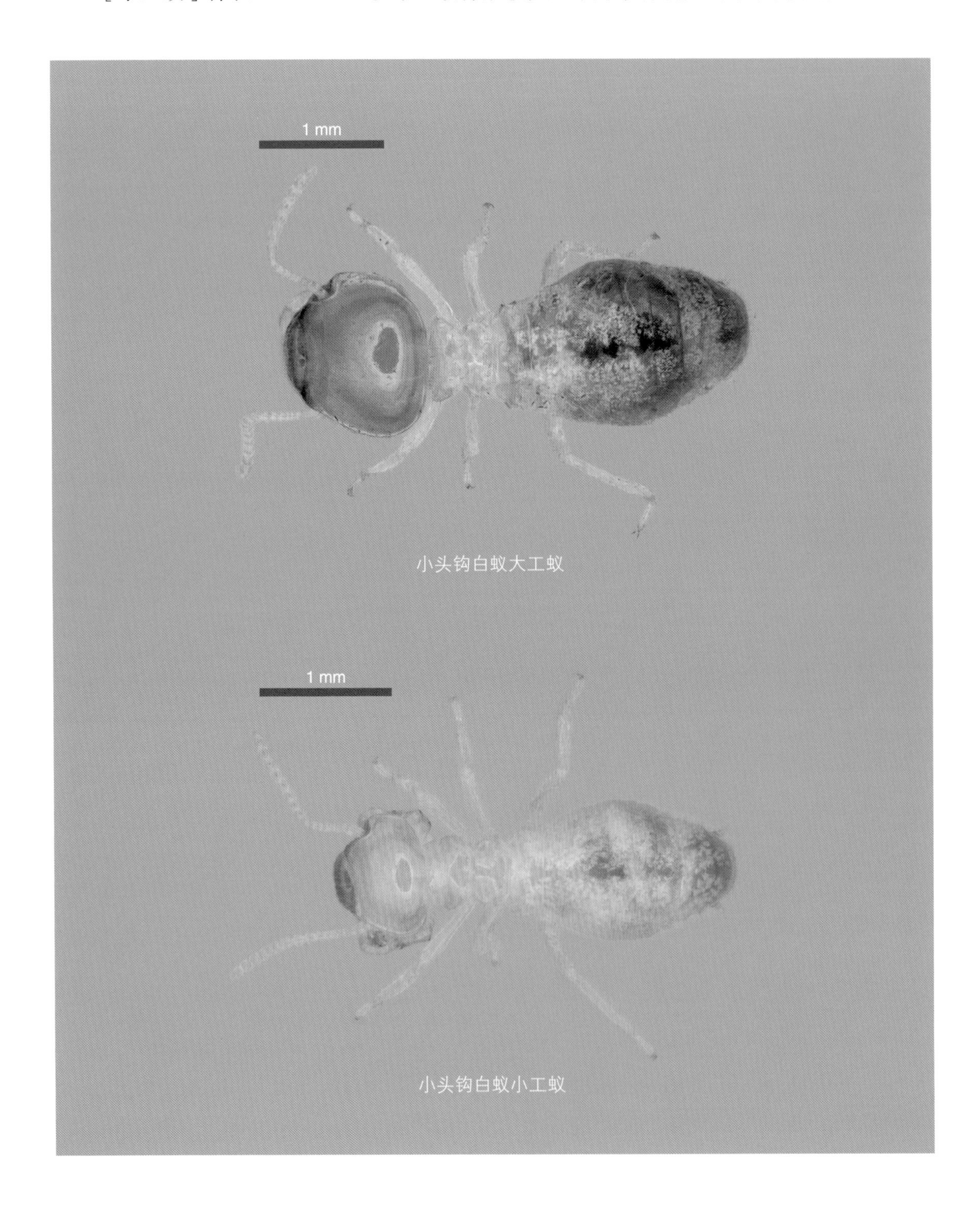

小头钩白蚁大工蚁

小头钩白蚁小工蚁

有翅成虫 体长20.14～22.20 mm。头后部深黄褐色，杂以浅色小斑，触角、上唇、后唇基、足淡黄色，胸部及腹部背板浅黄褐色，翅褐黄色。全身密被短毛。头近圆形。复眼突出，甚大；单眼大，长圆形，单复眼间距小于单眼宽度之半。触角18节，第3、4节最短，第5、6节短于第2节。上唇前端大圆形，前端及两侧边缘透明，后唇基甚隆，长约为宽之半。前胸背板前宽后窄，前后缘中央凹入；中胸背板后缘深凹入。

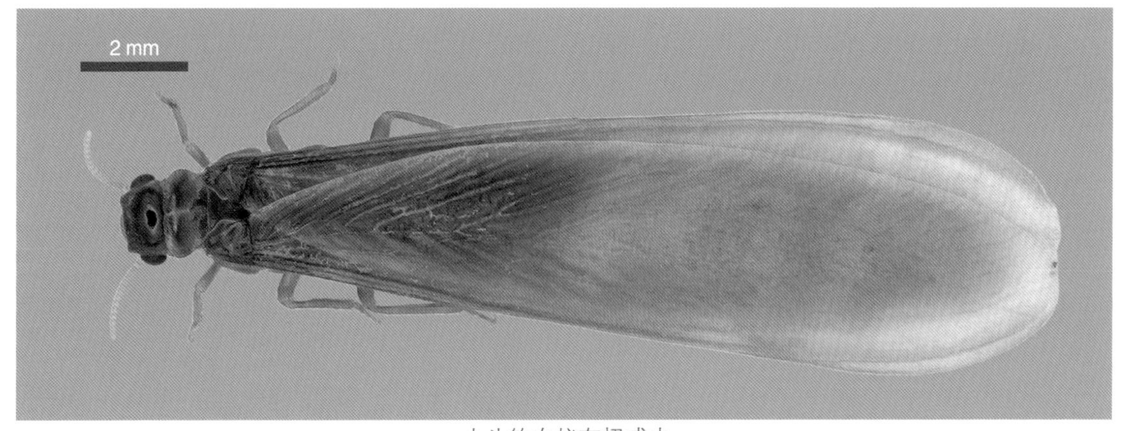

小头钩白蚁有翅成虫

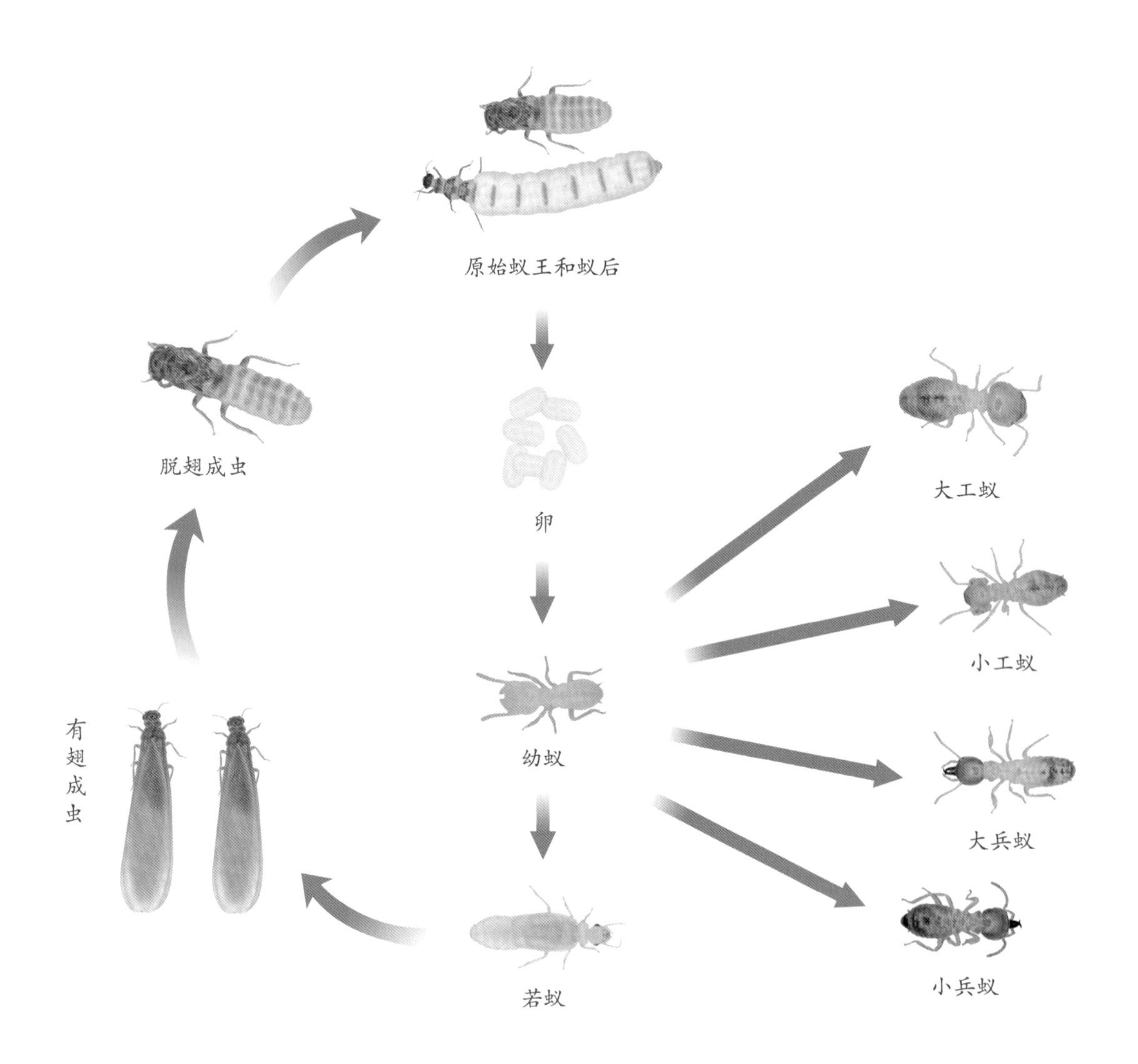

习性

土栖性白蚁。具有与真菌共生的特性；喜欢取食杂草和靠近地面开始腐烂的树干和木材，以及鲜活植物的嫩根、幼芽。分飞期5～6月，雨后18: 00～20: 00出现分飞现象。

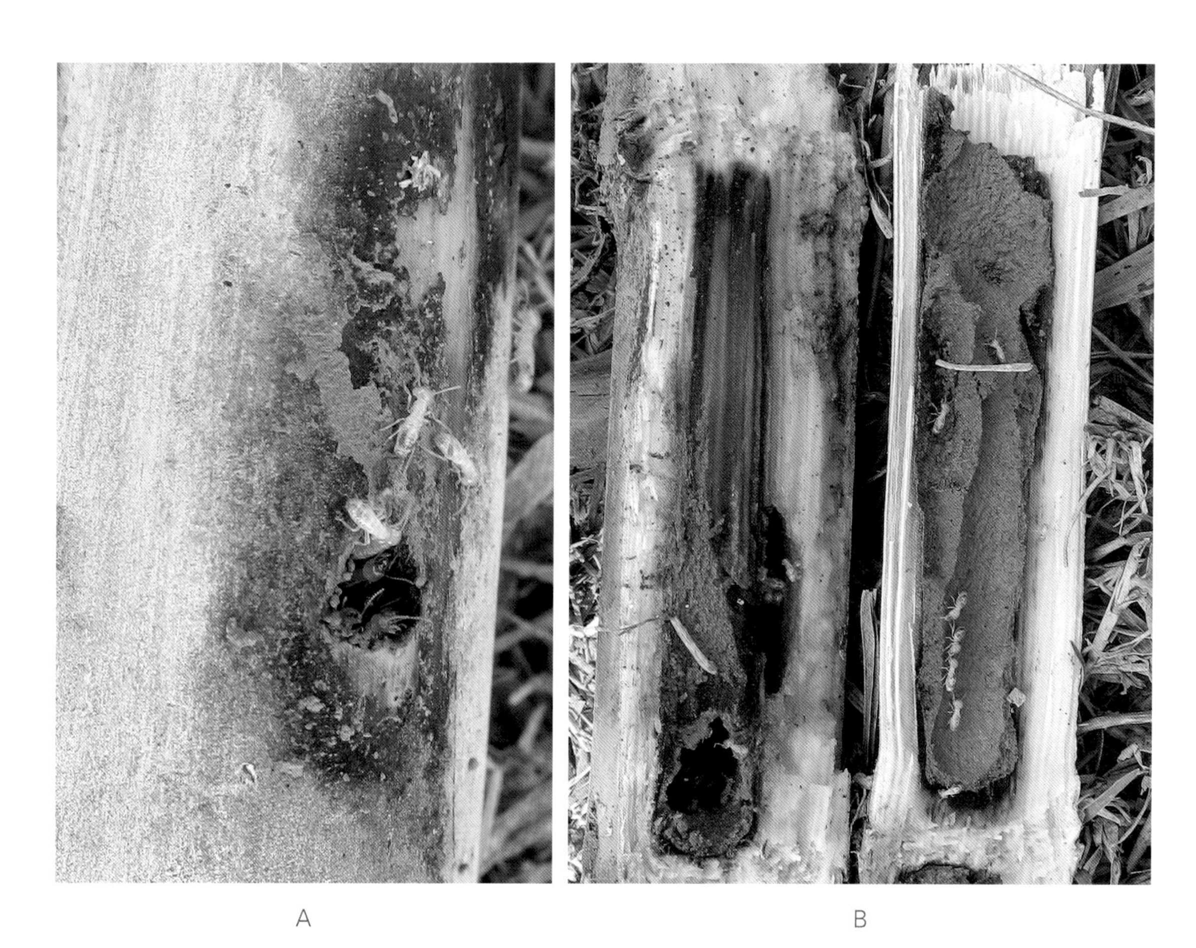

小头钩白蚁为害甘蔗植株

小头钩白蚁分飞孔剖面观

小头钩白蚁分飞孔外观

大白蚁属 *Macrotermes*

我国已记录25种，广西共记录13种。

14 土垅大白蚁

Macrotermes annandalei Silvestri

蚁巢识别特征

用泥筑巢，蚁巢分地上和地下两部分。大型蚁巢如坟冢，小型蚁巢似小土堆。蚁巢地上部分最高可达3 m，地下部分巢体深0.3～0. 7 m。巢内有较大空腔，腔内由厚薄不等的泥骨架组成，在泥骨架中有大小不一的菌圃。“王宫”位于泥骨架腔内，厚而坚硬，其中常有一王多后现象。成熟蚁巢上方或周围大多具有半月形、突出地面的分飞孔。

土垅大白蚁巢（含地上和地下部分）

土垅大白蚁成熟巢地上部分

土垅大白蚁成熟巢地上部分剖面观

土垅大白蚁幼龄巢

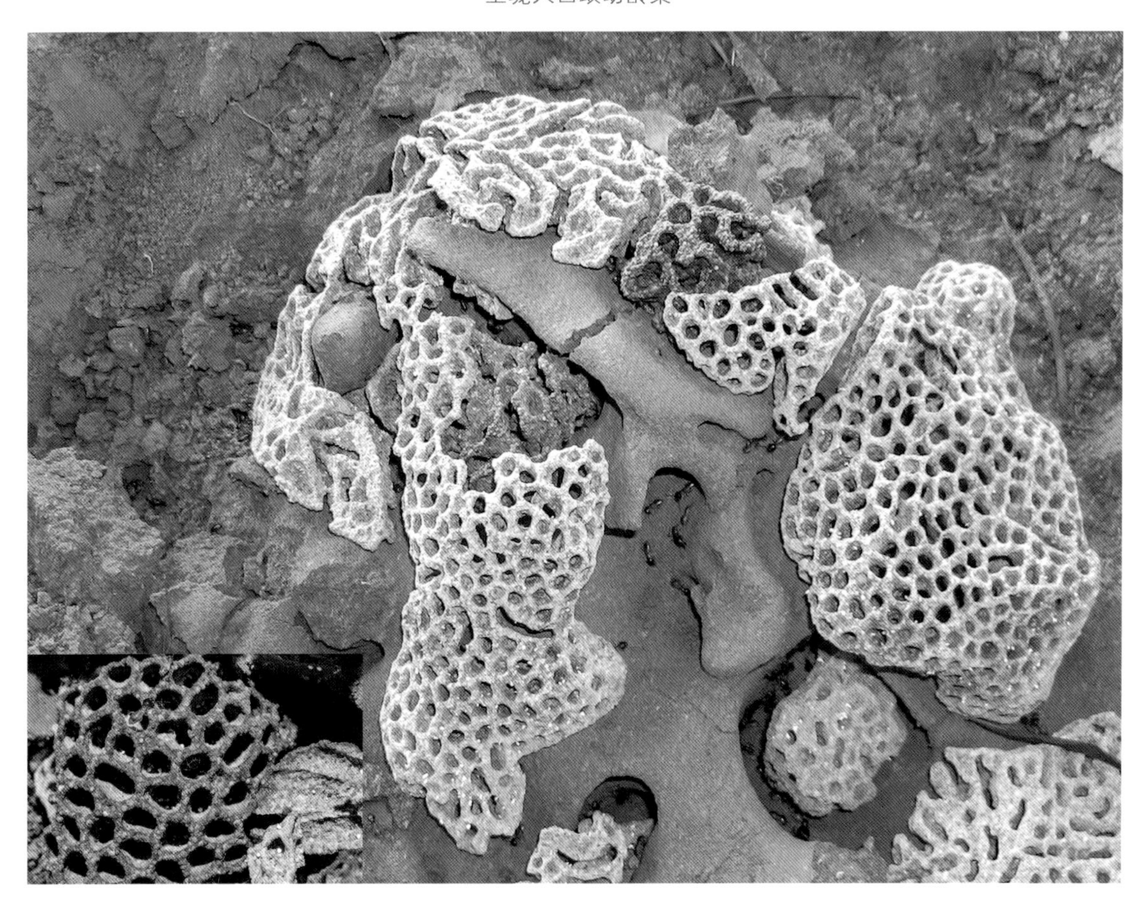

土垅大白蚁菌圃

A

B

土垅大白蚁巢生长出的鸡坳菌

土垅大白蚁“王宫”及一王多后现象

土垅大白蚁“王宫”

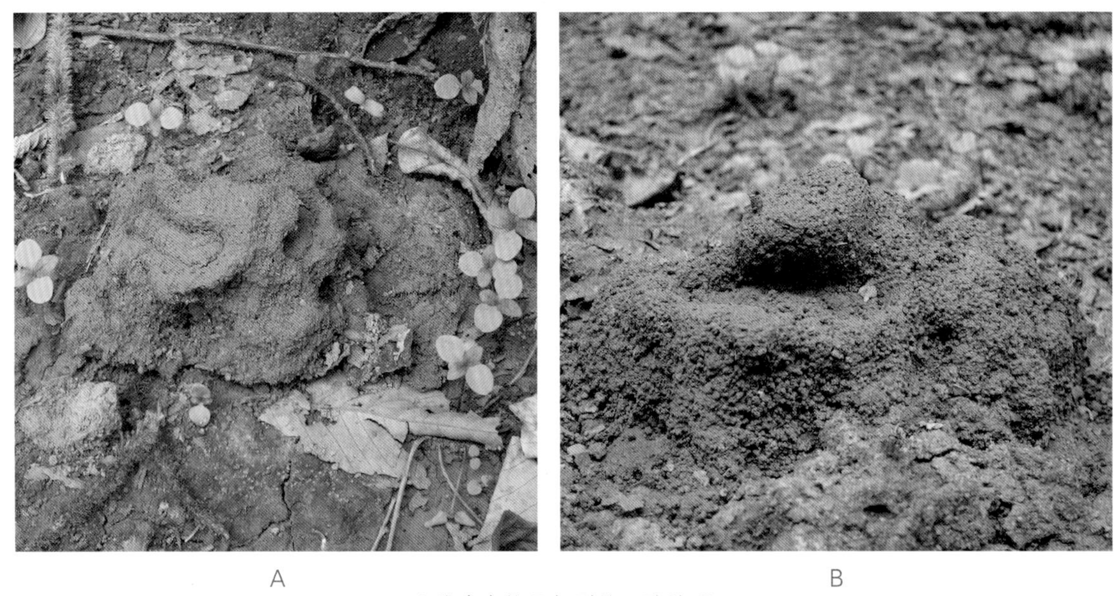

A B

土垅大白蚁凸起型分飞孔外观

土垅大白蚁凸起型分飞孔剖面观

土垅大白蚁有翅成虫从蚁巢分飞孔爬出准备分飞

土垅大白蚁为害板栗树

主要品级形态特征

成熟蚁巢中包括原始蚁王、原始蚁后、卵、幼蚁、大工蚁、小工蚁、若蚁、大兵蚁、小兵蚁和有翅成虫等。

土垅大白蚁原始蚁王（A）、原始蚁后（B）、大工蚁（C）、小工蚁（D）

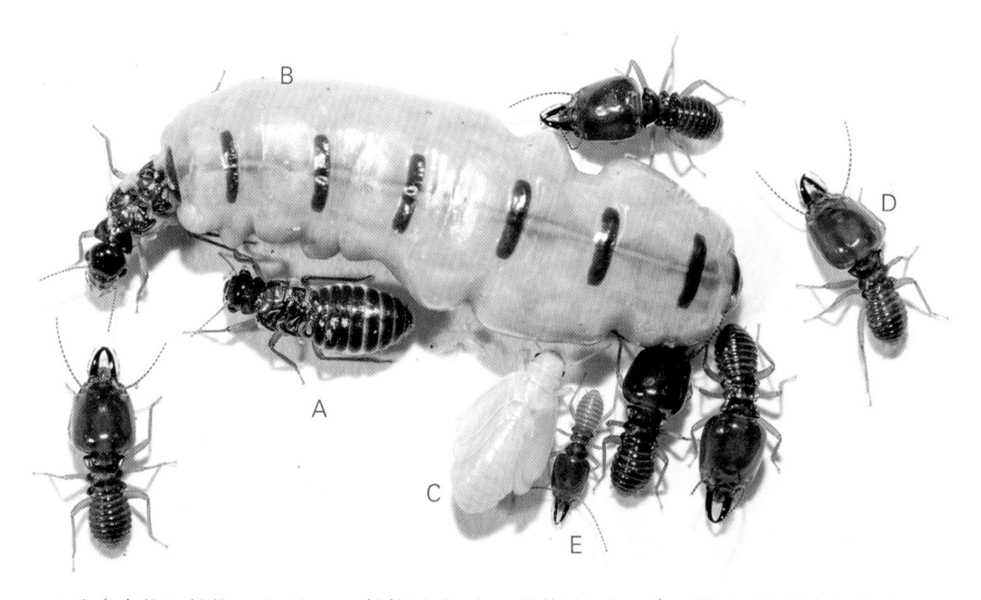

土垅大白蚁原始蚁王（A）、原始蚁后（B）、若蚁（C）、大兵蚁（D）和小兵蚁（E）

土垅大白蚁原始蚁王

土垅大白蚁原始蚁后

土垅大白蚁卵

土垅大白蚁幼蚁

土垅大白蚁大工蚁

土垅大白蚁小工蚁

土垅大白蚁中间型品级

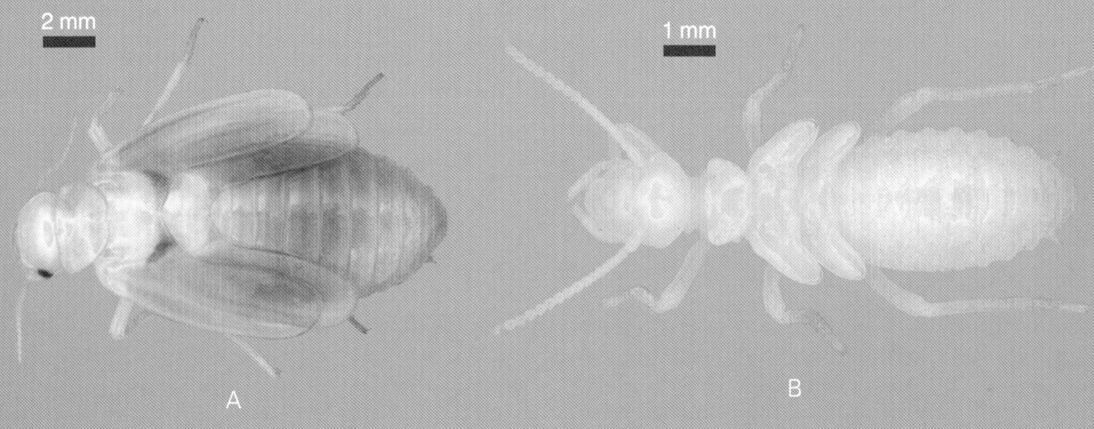

土垅大白蚁若蚁

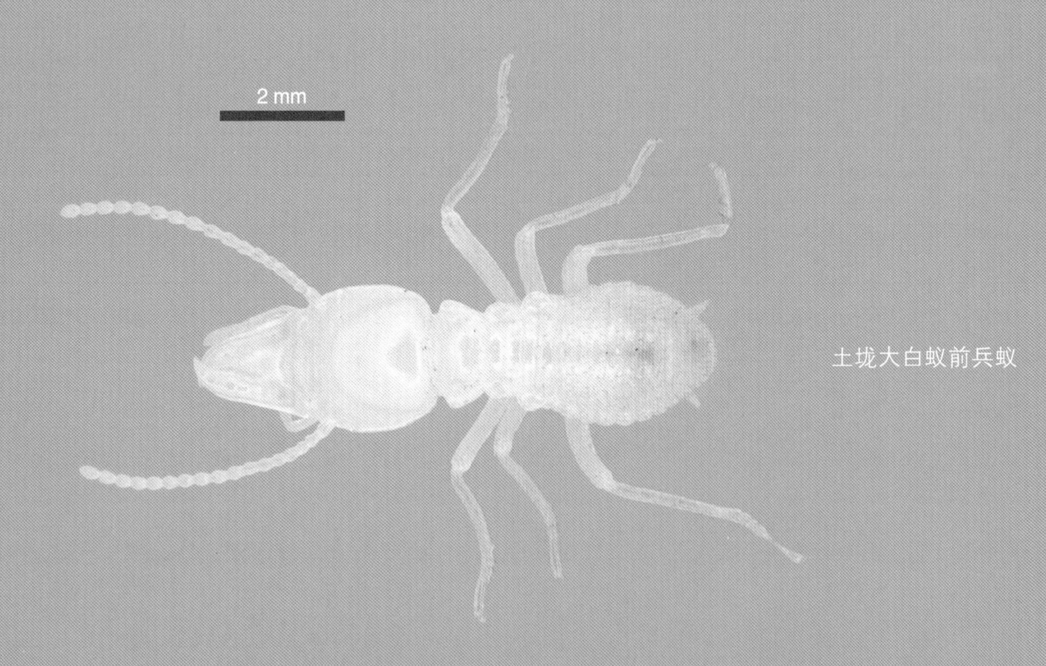

土垅大白蚁前兵蚁

兵蚁　兵蚁二型。

［大兵蚁］体长13～14 mm。头背面及腹部皆暗红棕色，胸及腹棕红色，上颚基部与头色同，其余部分黑色。头部毛稀少，腹部毛较多，前唇基有少数短毛。头扁平，巨大，长梯形，后宽前窄。囟细小，约位于头部的中点。上颚粗壮，镰刀形，左上颚中点以后有数个浅缺刻及一个较深的缺刻，前方部分无齿；右上颚无齿，基部也无锯齿状缺刻。触角17节，第3节长度相当于第2节的1.5～2倍。

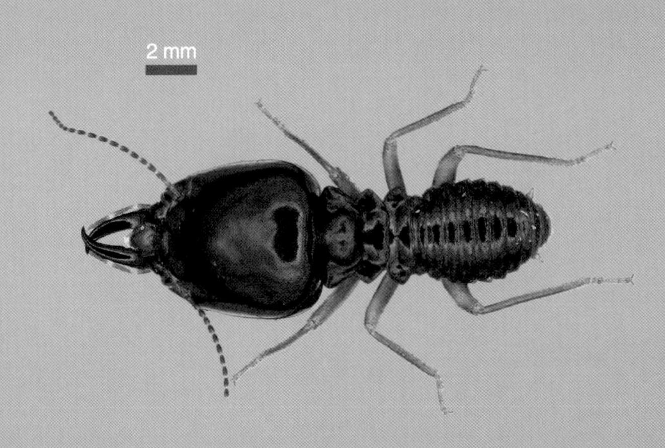

土垅大白蚁大兵蚁

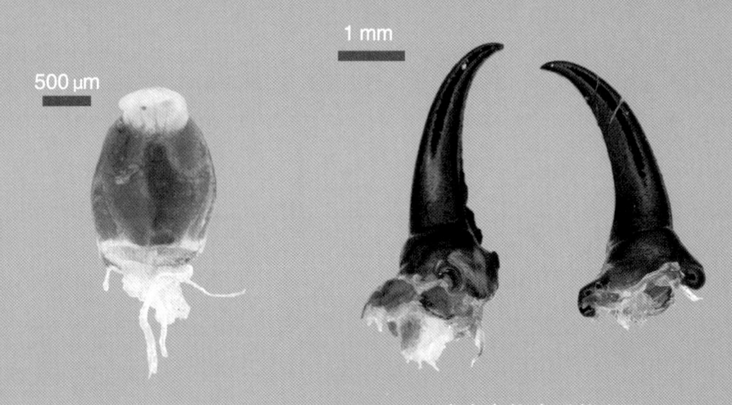

土垅大白蚁大兵蚁上唇

土垅大白蚁大兵蚁上颚

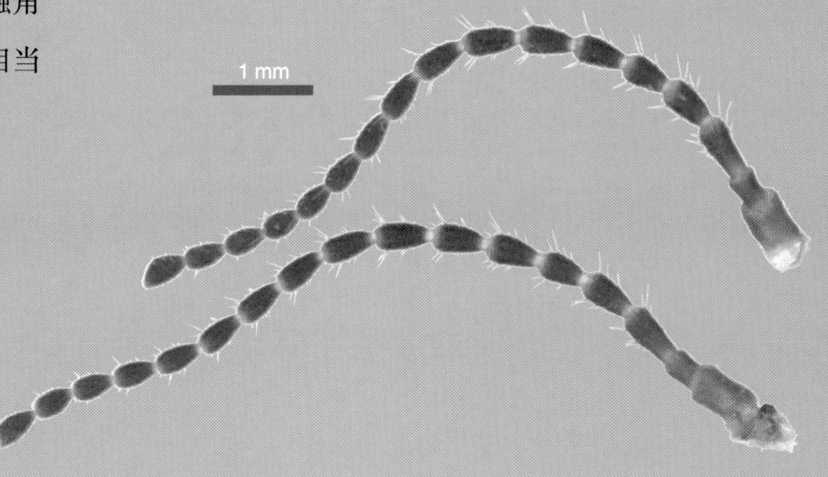

土垅大白蚁大兵蚁触角

［小兵蚁］体长8～9 mm。体形显著小于大兵蚁，体色相似。头型与大兵蚁相似或显狭长，后宽前狭，后缘近直，侧缘略弯曲。囟在头顶的中央。上唇为狭长式样，尖端有半透明的三角块。上颚狭长弯曲，除左上颚后部有少数缺刻外，其余部分皆光滑无齿。触角17节，触角第3节长于第2节及第4节。

土垅大白蚁小兵蚁

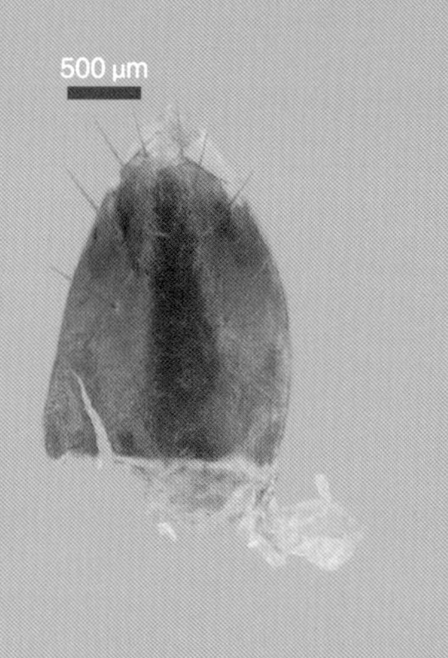

土垅大白蚁小兵蚁上唇

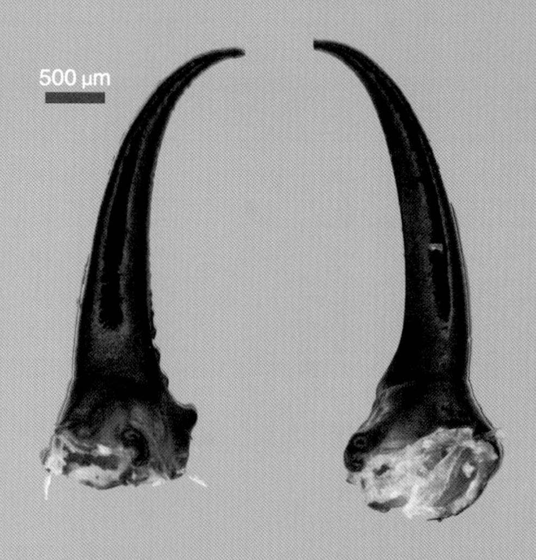

土垅大白蚁小兵蚁上颚

有翅成虫　体长约28 mm。头及胸腹暗红棕色，足棕黄色，翅黄色，后唇基暗赤黄色。头宽卵型。复眼长圆形，一端朝向头的背后方，一端朝向头的前腹方；单眼椭圆形，其与复眼的距离小于单眼的直径长度。头顶平，囟呈极小的颗粒状突起，位于头顶中点。后唇基显著隆起，长不达宽之半，中央有纵沟。触角19节，第3节微长于第2节，第2、4、5节的长度近相等。前胸背板的前缘略凹向后方；后缘狭窄，中央向前方凹入；在前胸背板的前中部位有淡色的十字形斑纹，其两侧前方有圆形或肾形的淡色斑。前翅鳞略大于后翅鳞。

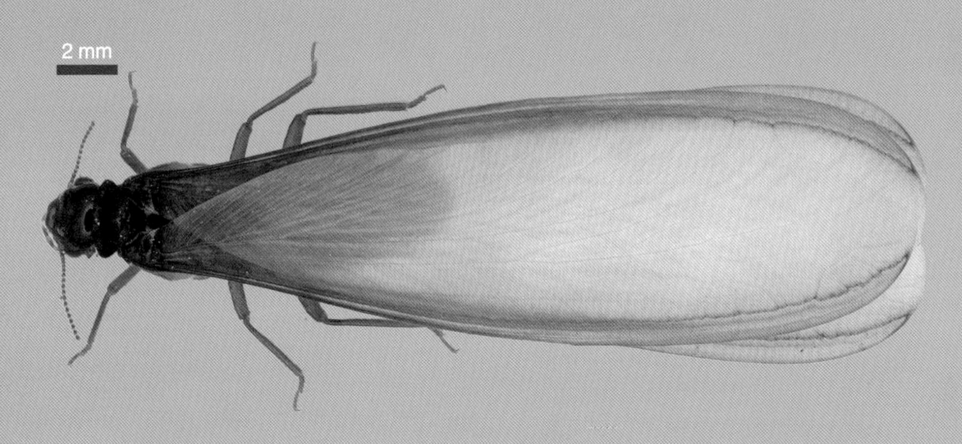

土垅大白蚁有翅成虫

土垅大白蚁有翅成虫头部及前胸背板

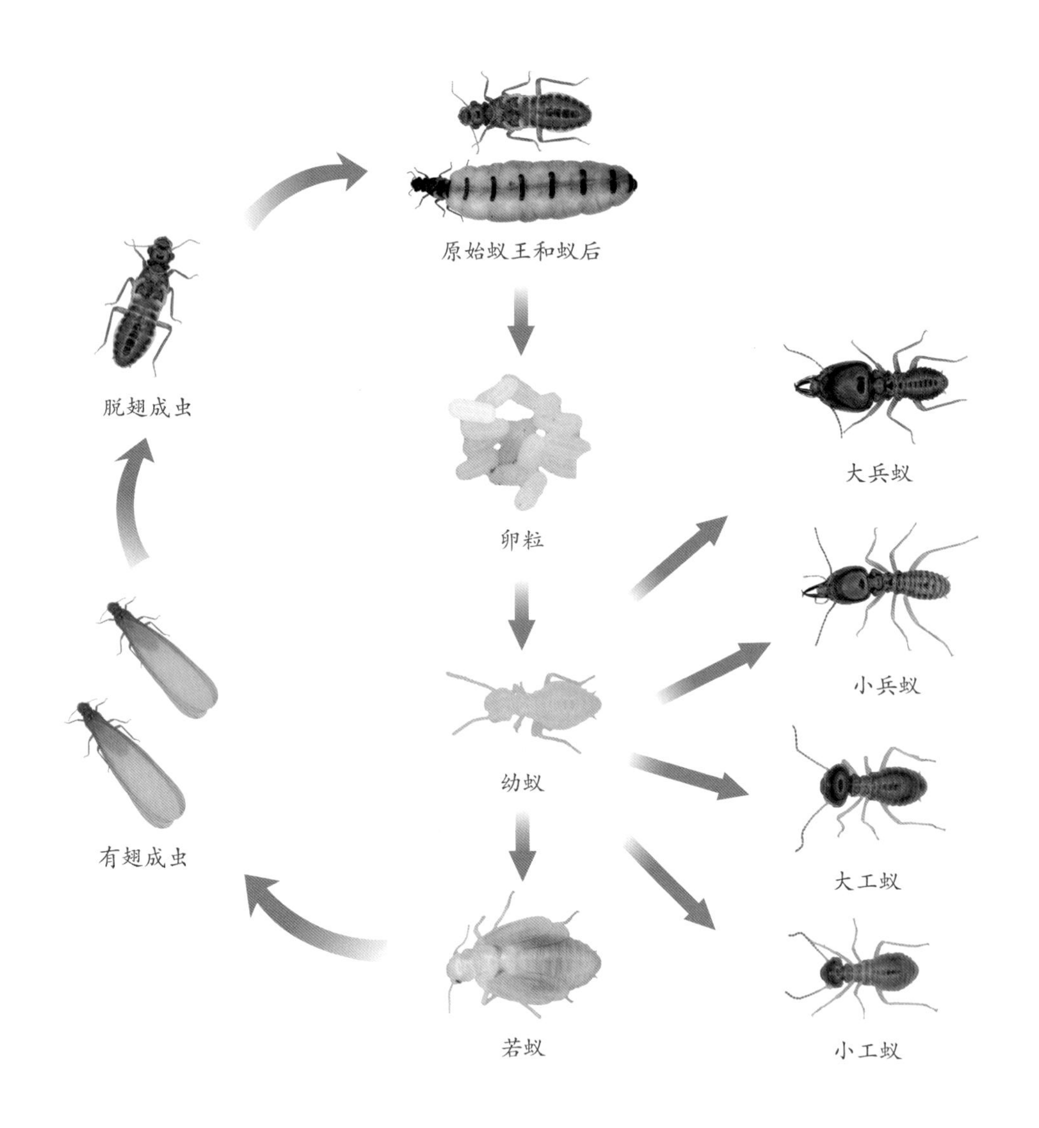

习性

土栖性白蚁。喜欢取食杂草和靠近地面开始腐烂的树干和木材，以及鲜活植物的嫩根、幼芽。工蚁外出活动时一般隐匿于泥被、泥线之下，但有时也会在阴天暴露身体于地面上，成群列队外出取食。分飞期从5月下旬开始至6月底结束，22: 30开始分飞，持续至次日5: 30。

土垅大白蚁工蚁搬运和整理卵粒

土垅大白蚁工蚁交哺行为

土垅大白蚁幼蚁（A）和工蚁（B）

15 黄翅大白蚁

Macrotermes barneyi Light

蚁巢识别特征

筑大型集中蚁巢，分散副巢较少。成熟蚁巢常筑于地下1 m处，腔室横径可达1 m以上。蚁巢内分散有质轻多孔的海绵状菌圃，具有强烈酸臭味。主巢腔位于隆起的土堆正下方，主巢腔的上方不到达地面隆起部分。“王宫”一般位于主巢腔，由较坚硬的泥质做成，主巢旁或附近空腔常贮藏着工蚁采回的树皮和草屑碎片等。一王多后的现象较普遍。地面常见颗粒粗大的断断续续的蚁路。成熟蚁巢上方或周围具半月形、向下凹陷的分飞孔，不突出地表，与土白蚁突出地表的分飞孔显著不同。

黄翅大白蚁巢

黄翅大白蚁菌圃

黄翅大白蚁巢菌圃上生长出的鸡枞菌

黄翅大白蚁幼龄“王宫”

黄翅大白蚁成熟“王宫”

黄翅大白蚁巢中的一王多后现象

黄翅大白蚁泥被

黄翅大白蚁泥线

A B

黄翅大白蚁分飞孔

黄翅大白蚁分飞孔

主要品级形态特征

成熟蚁巢中包括原始蚁王、原始蚁后、卵、幼蚁、大工蚁、小工蚁、若蚁、大兵蚁、小兵蚁和有翅成虫等。

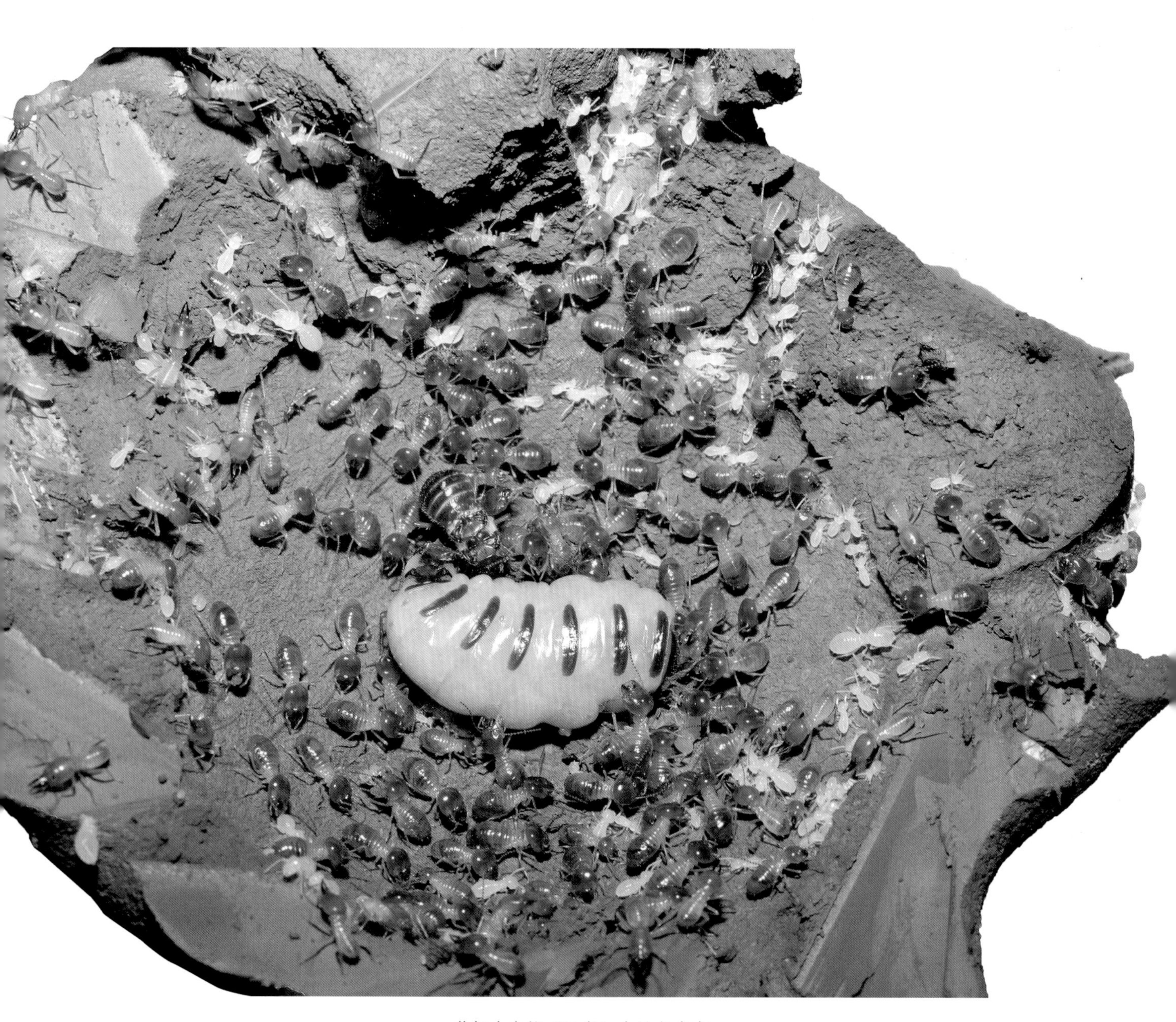

黄翅大白蚁“王宫”中的各虫态

黄翅大白蚁原始蚁王（A）、原始蚁后（B）、大工蚁（C）、小工蚁（D）、大兵蚁（E）和小兵蚁（F）

黄翅大白蚁大工蚁（A）、大兵蚁（B）和小兵蚁（C）

黄翅大白蚁大工蚁搬运卵粒

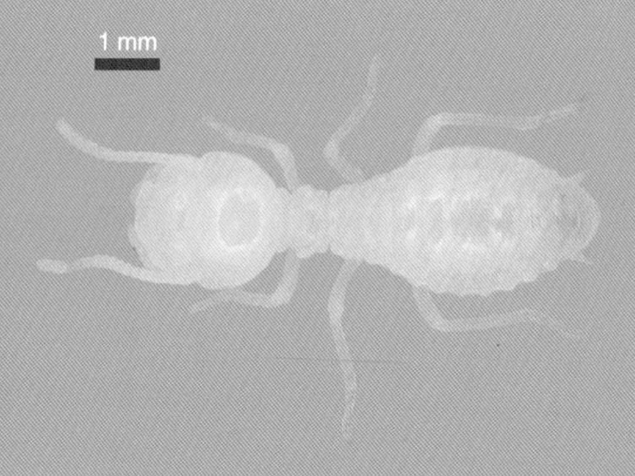

黄翅大白蚁幼蚁

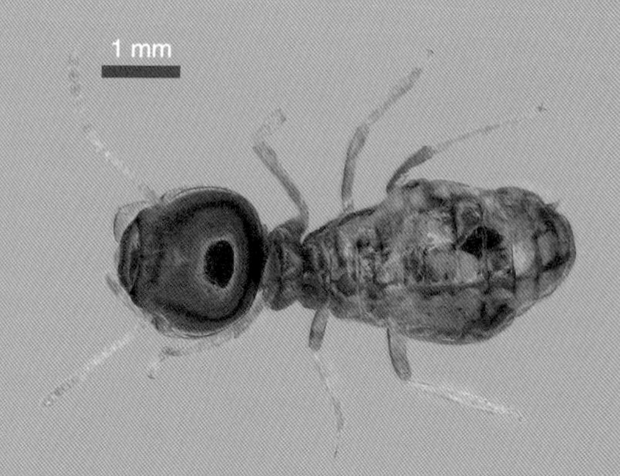

黄翅大白蚁大工蚁

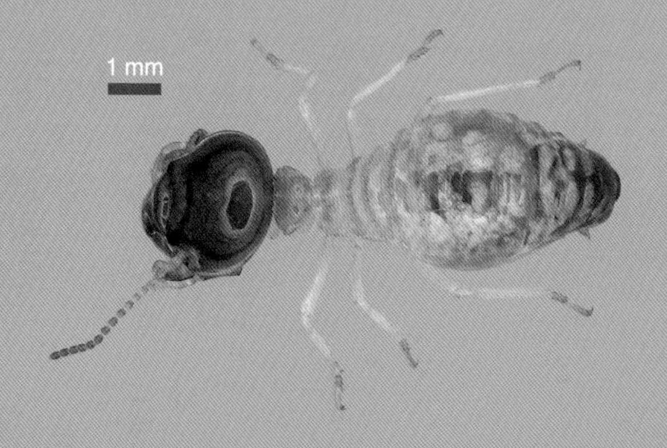

黄翅大白蚁小工蚁

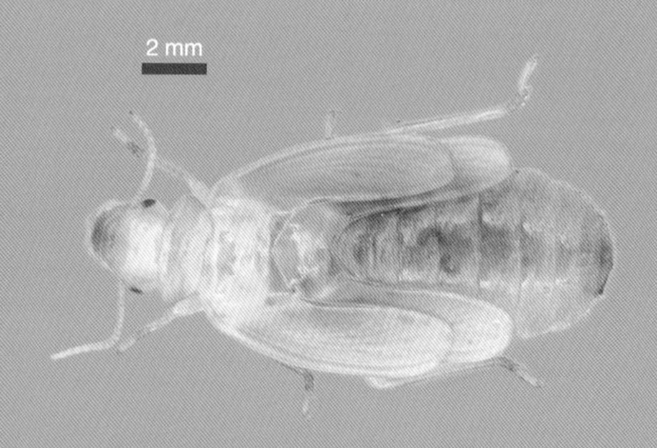

黄翅大白蚁若蚁

兵蚁 兵蚁二型。

［大兵蚁］体长10.5～11.0 mm。体形大，略次于土垅大白蚁的大兵蚁。头深黄色，腹部颜色较淡，上颚黑色。头及前胸背板有少数直立毛。头长方形，最宽处在头的中后部。囟很小，位于头中点附近。触角17节，第3节长于或等于第2节；触角窝后下方有淡色眼点。

黄翅大白蚁大兵蚁

黄翅大白蚁大兵蚁上颚

［小兵蚁］体长6.8～7.0 mm。体形显著小于大兵蚁，体色也略浅于大兵蚁。头卵形，侧缘较大兵蚁更弯曲，后侧角圆形。上颚与头的比例较大兵蚁显得更细长且直。触角17节，第2节长于或等于第3节。其他形态与大兵蚁相似。

黄翅大白蚁小兵蚁

有翅成虫 颜色与形态与土垅大白蚁相似，但头和前胸背板较短窄。

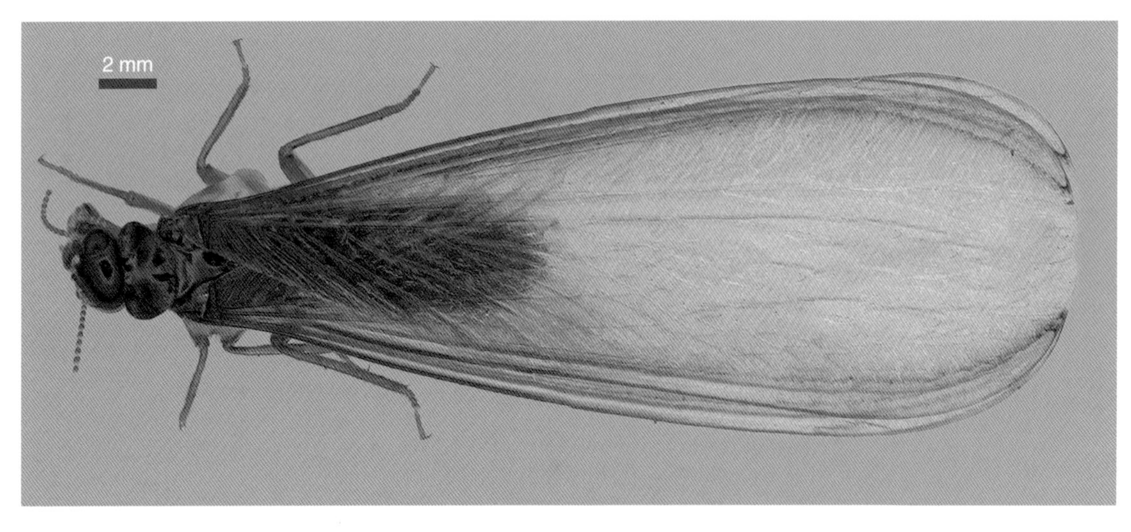

黄翅大白蚁有翅成虫

黄翅大白蚁生活史

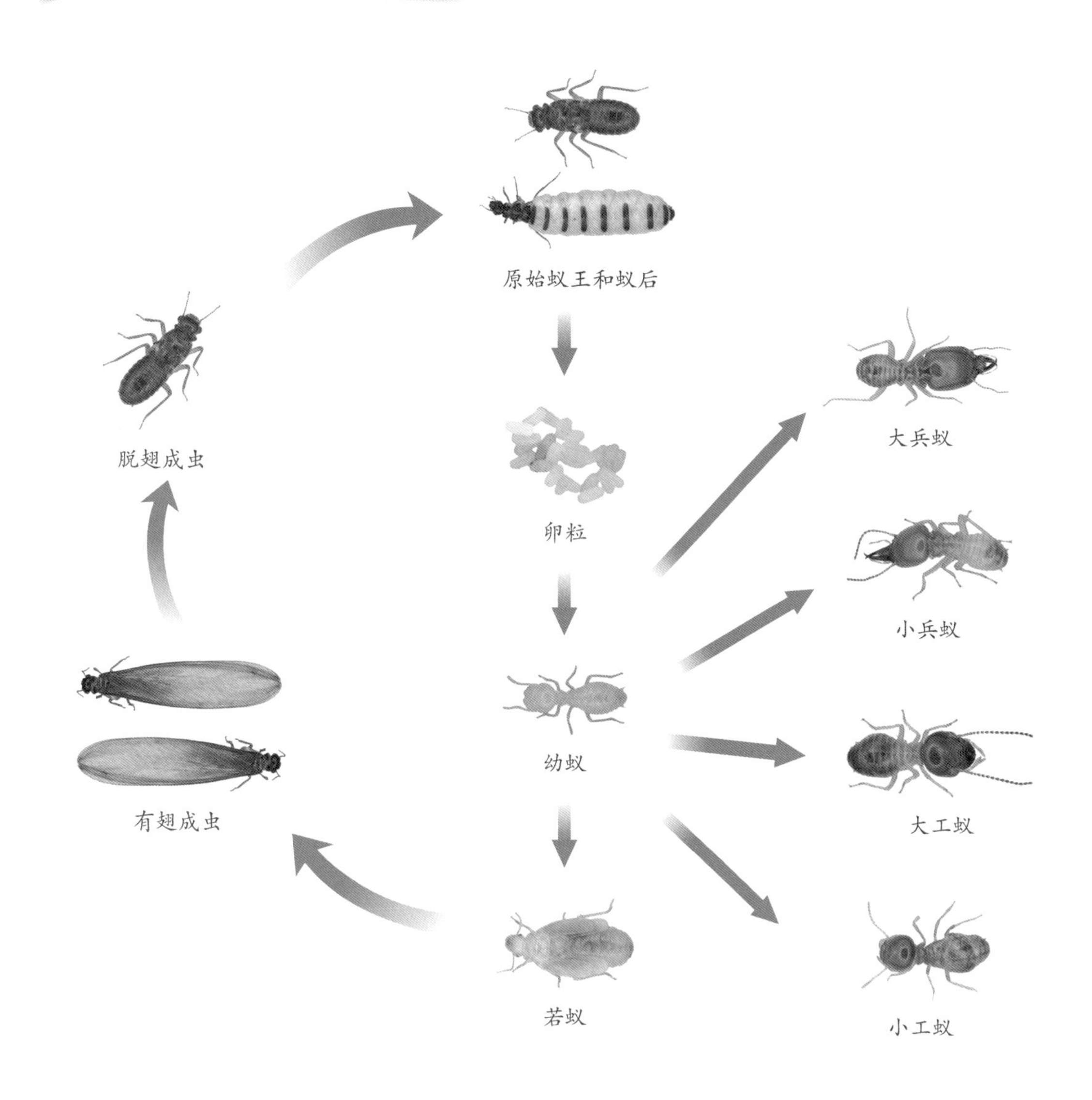

习性

土栖性白蚁。喜欢在松软的黄色黏土林地活动，取食枯枝、落叶、枯树、树皮等。春季日均气温10 ℃以上开始在地表活动，每年5～6月和9～11月为活动高峰期，在这两个时期，地表多出现泥路。分飞期从4月下旬至7月上旬，分飞时间集中在4:00～4:30，成熟巢体的分飞次数达3～5次。有翅成虫落地脱翅后开始寻找配偶，配对后入土营巢。

土白蚁属
Odontotermes

我国已记录26种，广西记录10种。

16 黑翅土白蚁

Odontotermes formosanus Shiraki

蚁巢识别特征

筑大型蚁巢于地下，形成地下巢，入土深度达2～3 m。成熟巢体结构复杂，具有主巢和众多副巢，主巢和副巢由错综复杂的蚁道相连。蚁路主路圆拱形；支路半月形，蚁路小而扁。经常活动的蚁路光滑湿润，废弃或绝巢的蚁路干燥发裂。分飞孔为突起于地面的小土堆，圆锥形。有多王多后现象，无补充型王后。其巢内能形成菌圃，为培菌白蚁。由于蚁巢和菌圃的特殊环境，巢中生长着多种真菌，当有白蚁在巢内活动时，蚁巢伞*Termitomyces*是菌圃上的优势菌，当蚁巢被废弃时，炭角菌*Xylaria*成为菌圃上的优势真菌，所以这些真菌指示物常用于辅助指导蚁巢的定位和评判防治效果。

黑翅土白蚁巢剖面图

黑翅土白蚁成熟巢腔

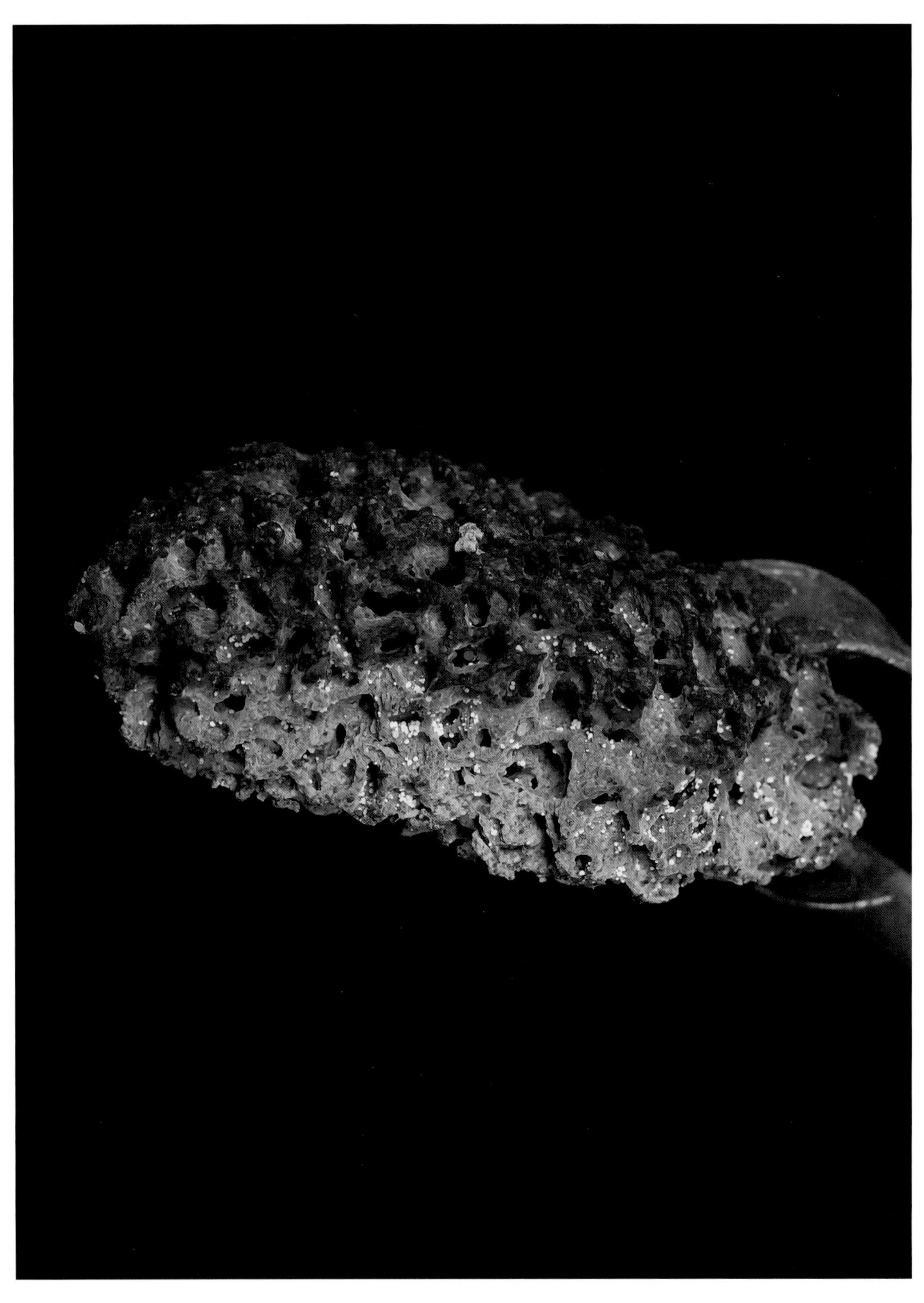

黑翅土白蚁菌圃

黑翅土白蚁巢腔室中的菌圃

黑翅土白蚁活巢上方生长出的鸡纵菌

黑翅土白蚁废弃巢上方生长出的炭棒菌

主要品级形态特征

成熟蚁巢中包括原始蚁王、原始蚁后、卵、幼蚁、工蚁、若蚁、兵蚁和有翅成虫等。

黑翅土白蚁原始蚁后

黑翅土白蚁原始蚁王

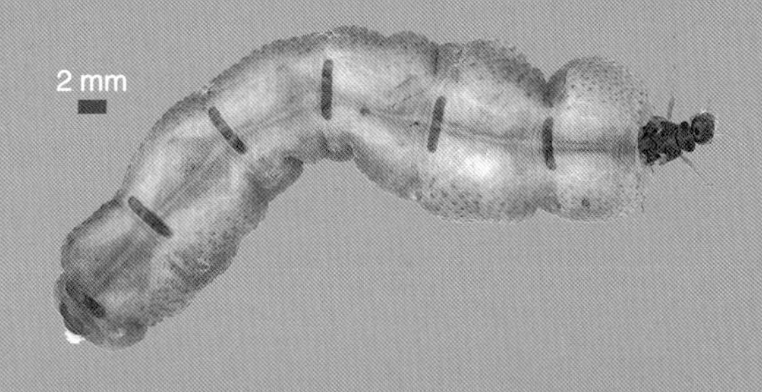

黑翅土白蚁原始蚁后

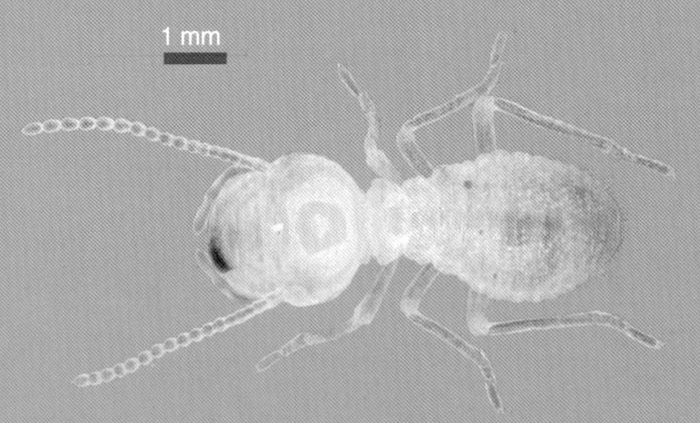

黑翅土白蚁幼蚁

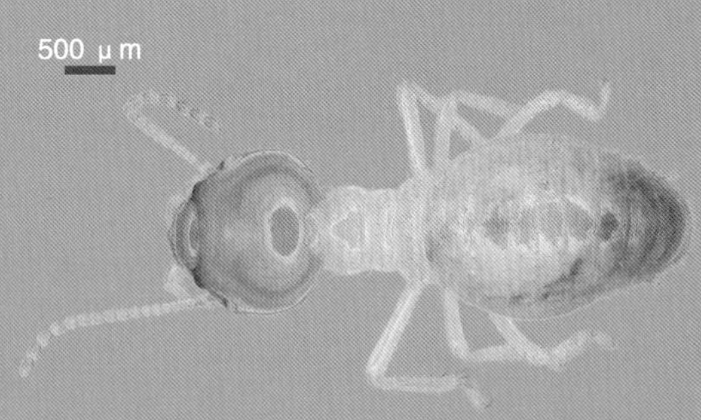

黑翅土白蚁工蚁

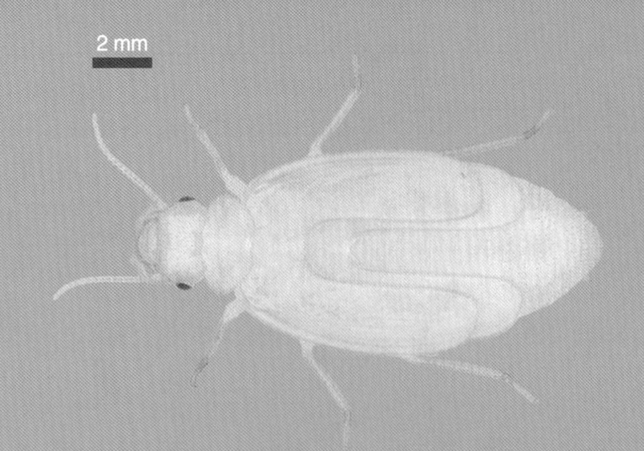

黑翅土白蚁若蚁

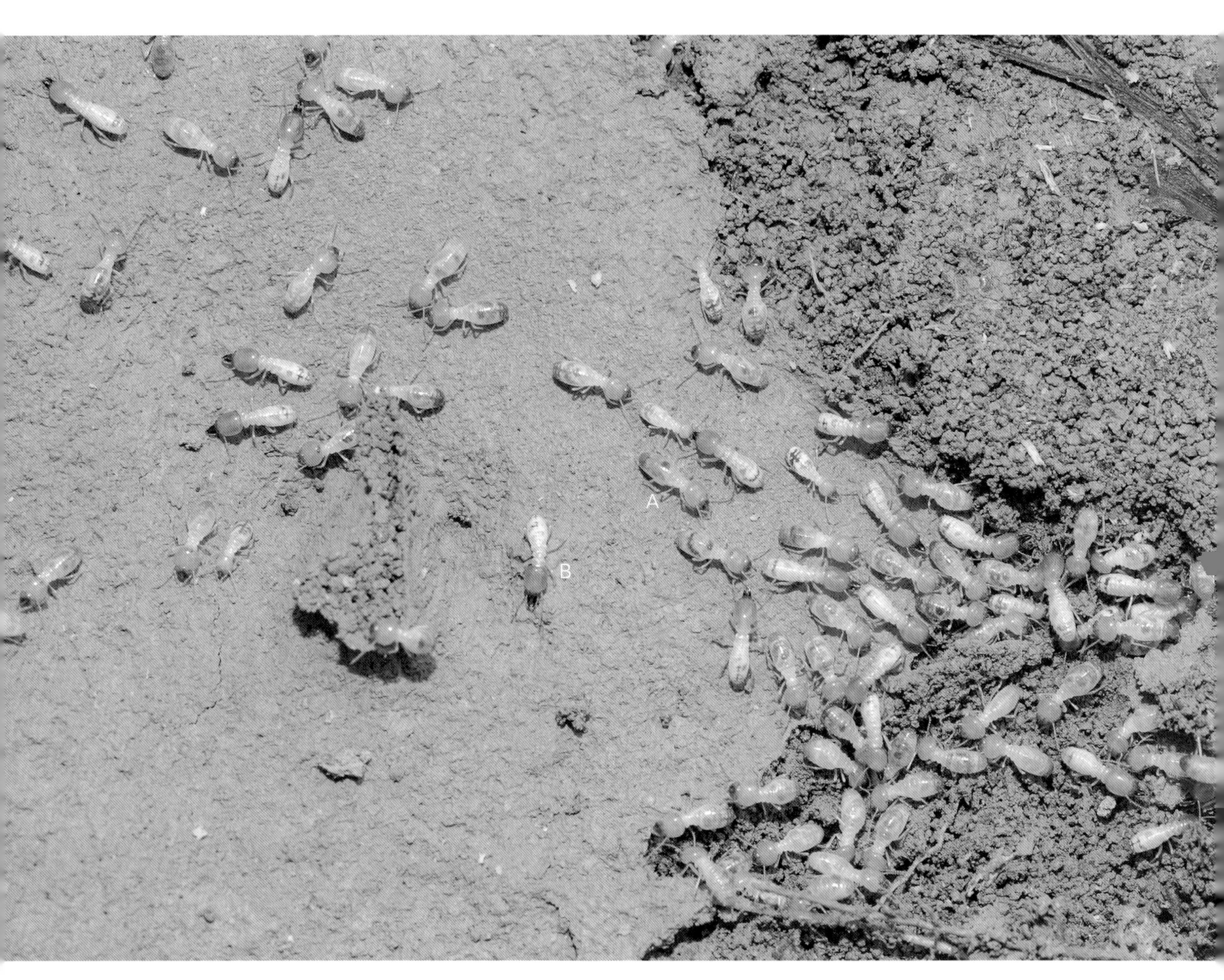

黑翅土白蚁工蚁（A）和兵蚁（B）

兵蚁 兵蚁头部暗黄色，腹部淡黄色至灰白色。头部被毛稀疏，胸、腹部有较密集的毛。头卵圆形，最宽处在头的中后部，前端略狭窄。额部平坦，后颏短粗。上颚镰刀状，左上颚中点前方有1枚小齿，右上颚内缘相当部位有1枚微齿，小而不显著。上唇舌形，前端窄而无透明小块；上唇缘侧边有1列直立的刚毛，上唇端部约伸达上颚中段，未遮盖颚齿。触角16～17节，第2节长约等于第3节与第4节之和。前胸背板马鞍状，前缘和后缘中央均有明显的凹刻。

黑翅土白蚁兵蚁

黑翅土白蚁兵蚁头部背面观

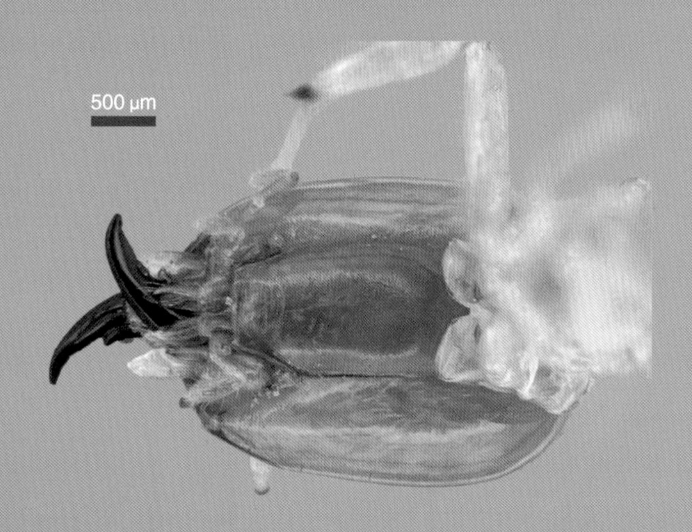

黑翅土白蚁兵蚁头部腹面观

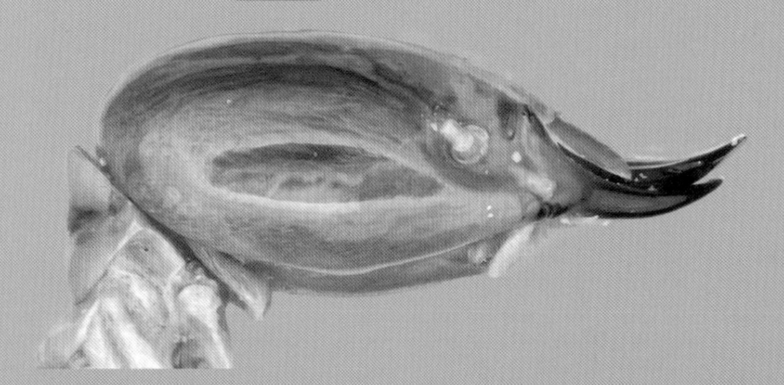

黑翅土白蚁兵蚁头部侧面观

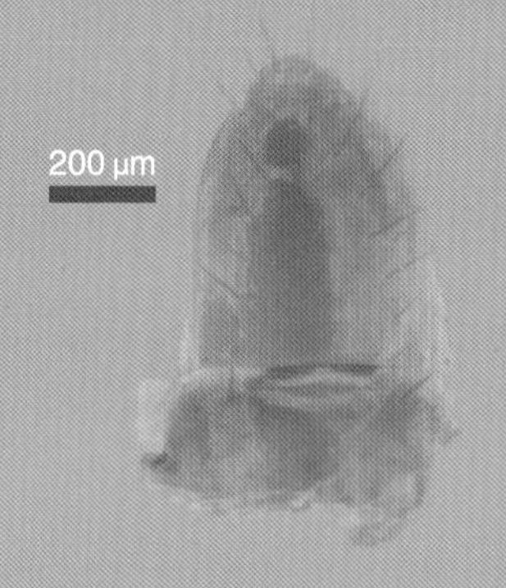

黑翅土白蚁兵蚁上唇

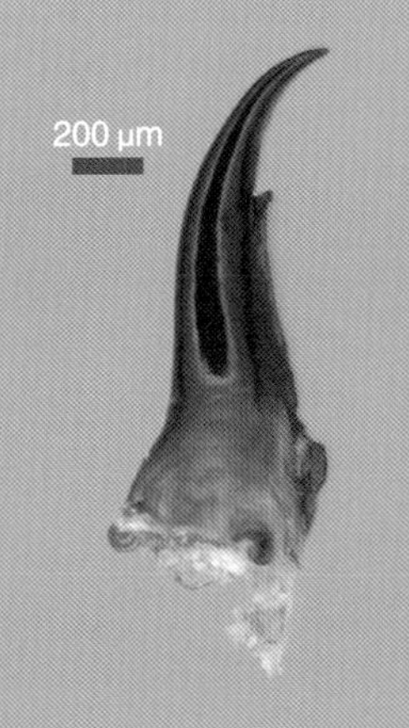

黑翅土白蚁兵蚁上颚

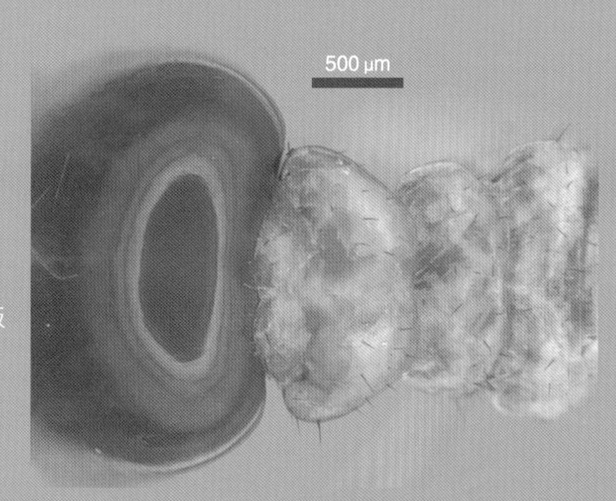

黑翅土白蚁兵蚁前胸背板

有翅成虫 头背面及胸、腹部背面为黑褐色，腹面为棕黄色，翅黑褐色。全身被有浓密的毛。头圆形。复眼、单眼椭圆形，单眼和复眼间的距离约等于单眼直径的长度。后唇基隆起，长小于宽之半，中央有纵缝将后唇基分为左右两半，前唇基和后唇基等长；触角19节，第2节长于第3节或第4节或第5节。前翅鳞大于后翅鳞。

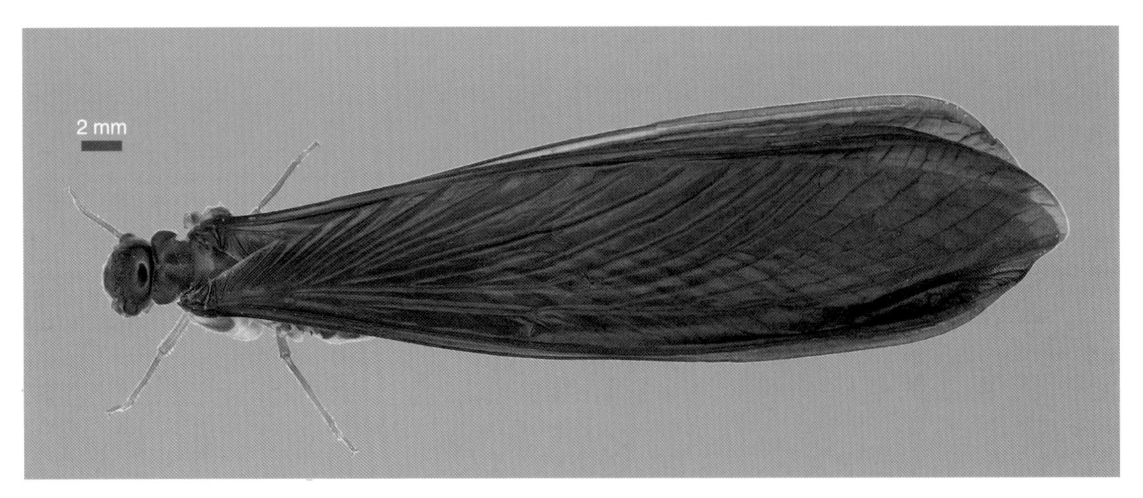

黑翅土白蚁有翅成虫

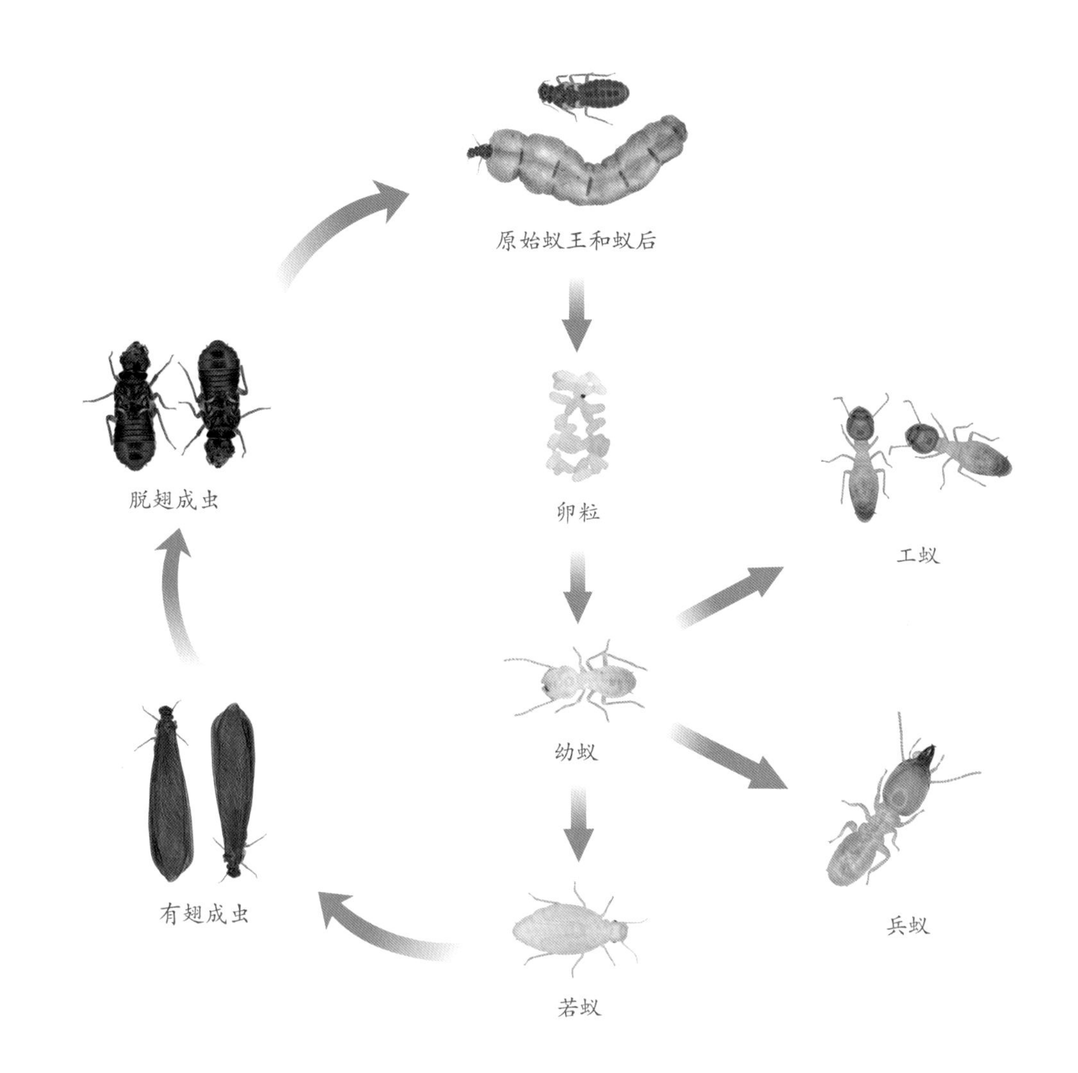

习性

土栖性白蚁。工蚁采食时，会在树干表面修筑泥线、泥被或泥套，隐藏于其中采集食物，4～5月和8～10月为其为害高峰期。有翅成虫一般在5～6月19: 00～19: 30分飞，分飞前后往往伴随降雨。分飞之前，有翅成虫大量聚集于候飞室内，大量兵蚁和工蚁守护在分飞孔。此时，分飞孔仍用细腻泥土覆盖，分飞时，工蚁打开分飞孔；分飞完毕后，工蚁将分飞孔封闭。候飞室蚁道较宽，与主巢相连。

黑翅土白蚁泥被

黑翅土白蚁分飞孔突群

黑翅土白蚁分飞孔突群

黑翅土白蚁月牙状分飞孔

黑翅土白蚁分飞孔剖面观

黑翅土白蚁工蚁正在修筑分飞孔

黑翅土白蚁有翅成虫正爬出分飞孔

近扭白蚁属
Pericapritermes

我国已记录12种，广西共记录6种。

17　多毛近扭白蚁
Pericapritermes latignathus Holmgren

蚁巢识别特征

不详。

多毛近扭白蚁巢

主要品级形态特征

成熟蚁巢中包括原始蚁王、原始蚁后、卵、幼蚁、工蚁、若蚁、兵蚁和有翅成虫等。

多毛近扭白蚁工蚁（A）和兵蚁（B）

兵蚁　头部土黄色，触角黄褐色，上颚深褐色，前胸背板、足和腹部淡黄色。头部长方形，无毛。左上颚在中间部位强烈扭曲，顶端钝；右上颚刀剑状，顶端尖锐。前胸背板马鞍状，前缘凸圆，后缘轻微凸圆，中间不具明显的凹缘，背板区有少量分散的毛，周缘有短刚毛。腹部有稠密的软毛，每一背板具许多微毛和长刚毛。胫节距3∶2∶2；跗节4节。

多毛近扭白蚁兵蚁

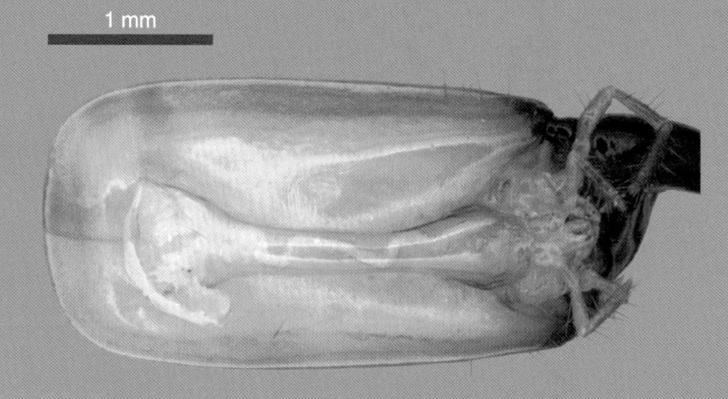

多毛近扭白蚁兵蚁头部腹面观

多毛近扭白蚁兵蚁头部侧面观

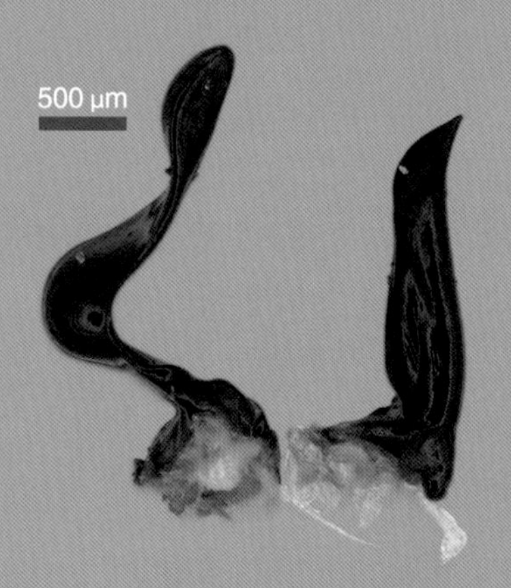

多毛近扭白蚁兵蚁上颚

工蚁 头部、触角、胸部和足浅黄色，腹部黑褐色。头部卵圆形，着生分散的刚毛，但头顶正中间无刚毛。腹部每一体节背板着生稠密的长短不一的刚毛。

多毛近扭白蚁工蚁

习性

不详。

18　五指山近扭白蚁

Pericapritermes wuzhishanensis Li

蚁巢识别特征

不详。

主要品级形态特征

成熟蚁巢中包括原始蚁王、原始蚁后、卵、幼蚁、工蚁、若蚁、兵蚁和有翅成虫等。

兵蚁　头橘红色或橙黄色，触角深褐色，前胸背板、足和腹部浅黄色，上颚深褐色。头近长方形，两侧稍平行，近后头1/3处略收缩，两后侧缘和后缘呈弧形，头中部中纵线长约伸达头前2/3处。触角14节。左上颚强烈扭曲，前端左侧稍倾斜，右侧略凹，顶端尖呈点状；右上颚几近平直，前侧角延长成短尖，前缘具4根刚毛。前胸背板呈马鞍状，前半部直立翘起，前缘无凹刻，后缘凸圆。

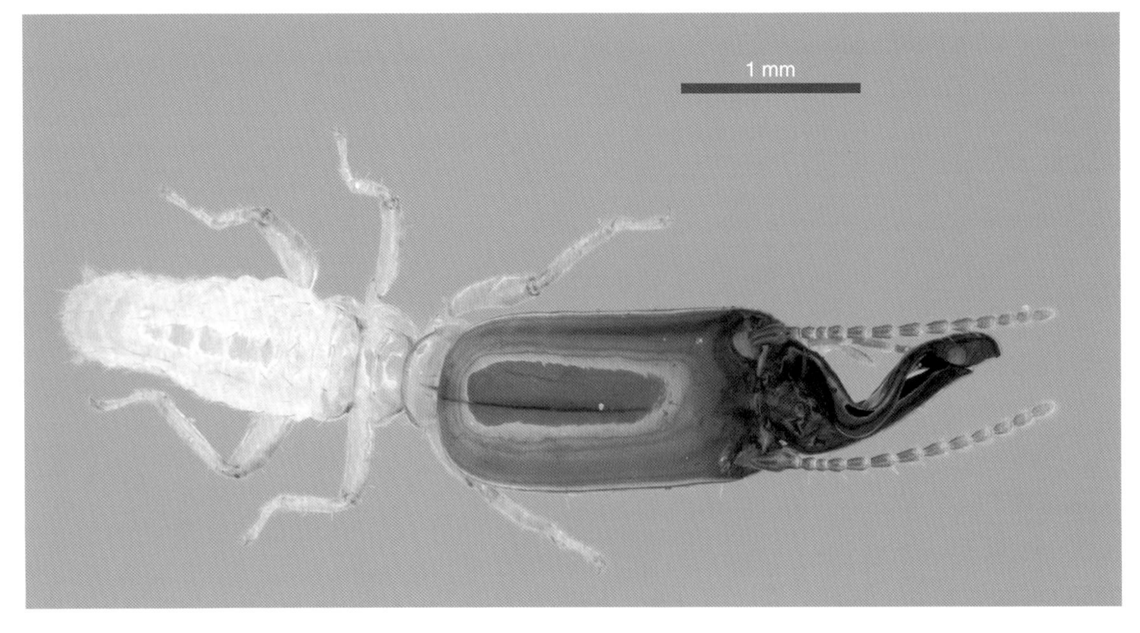

五指山近扭白蚁兵蚁

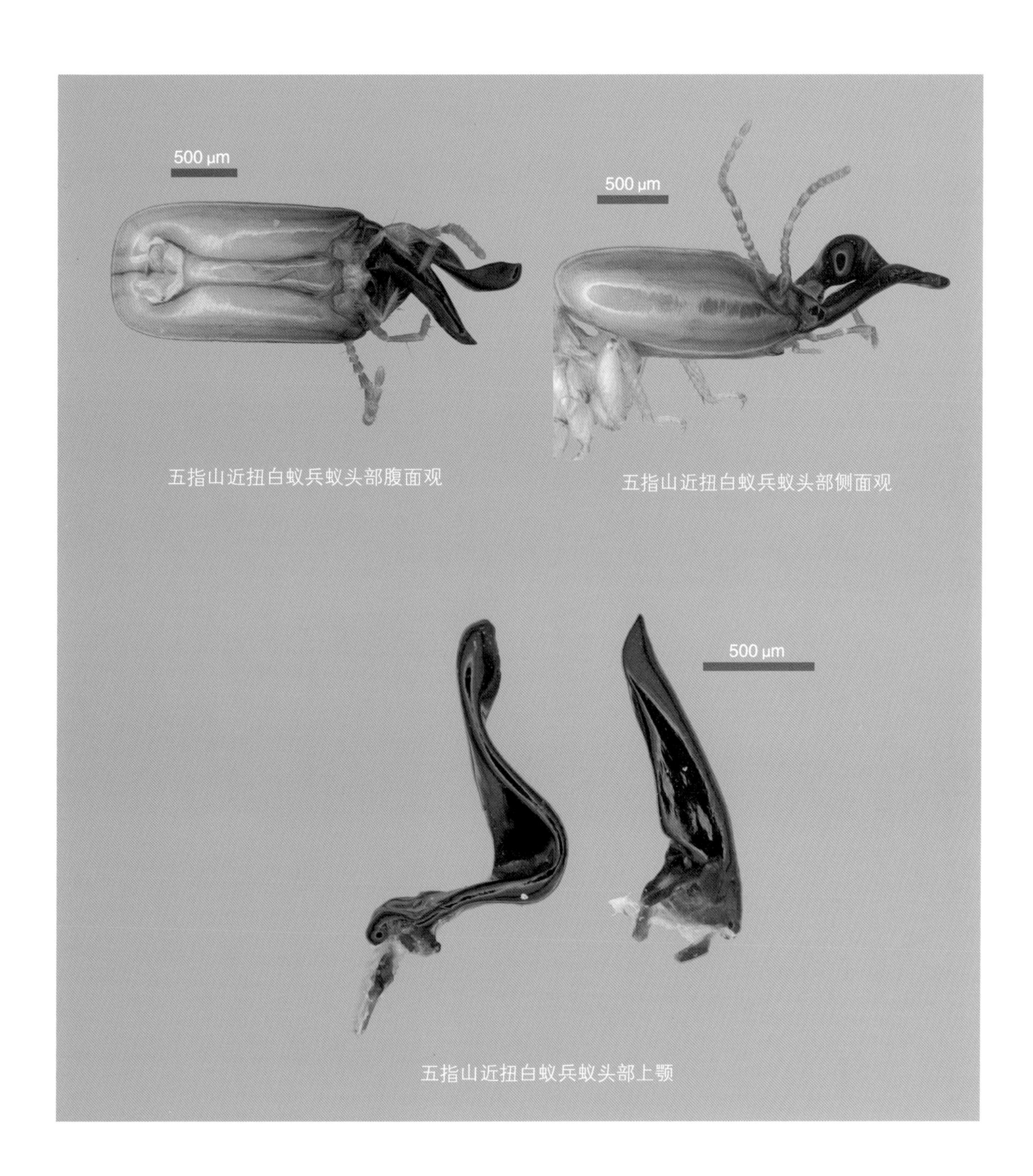

五指山近扭白蚁兵蚁头部腹面观

五指山近扭白蚁兵蚁头部侧面观

五指山近扭白蚁兵蚁头部上颚

习性

不详。

参考文献

[1] 李参. 山林原白蚁栖居地及各品级记述［J］. 昆虫学报，1982，25（3）：311-314.

[2] 黄珍友，刘炳荣，曾文慧，等. 铲头堆砂白蚁原始繁殖蚁形成的周期［J］. 中国森林病虫，2020，39（1）：23-27.

[3] 黄珍友，钱兴，钟俊鸿，等. 截头堆砂白蚁研究概况［J］. 昆虫学报，2009，52（3）：319-326.

[4] 贾豹，陆会天，韦戈，等. 大长鼻白蚁有翅成虫的首次记述［J］. 环境昆虫学报，2017，39（5）：1177-1180.

[5] 陈亭旭，刘广宇，金道超，等. 新渡户近扭白蚁*Pericapritermes nitobei*（Shiraki）的重新描述（昆虫纲：蜚蠊目：白蚁科）［J］. 山地农业生物学报，2015，34（5）：46-49，55.

[6] 韦戈，陆温，郑霞林. 广西白蚁［M］. 南宁：广西科学技术出版社，2017.

中名索引

学名索引